面向 21 世纪高等学校计算机基础课程规划教材

Visual FoxPro 程序设计实践教程

熊李艳　吴　昊　主编

周美玲　雷莉霞　黎海生　副主编

中国铁道出版社

CHINA RAILWAY PUBLISHING HOUSE

内 容 简 介

本书是吴昊、熊李艳主编并由中国铁道出版社出版的《Visual FoxPro 程序设计》配套的实验教材。全书根据教学内容的要求开设了多个实验，每个实验都包括实验目的、知识介绍、实验示例和上机实验，同时提供了大量的针对性很强的习题。全书以知识点为线索，通过各种题型让读者掌握本课程的重点和难点。

本书理论教学与实践教学相结合，图文并茂，内容实用，层次分明，适合作为普通高等院校各专业学生的教材，也可作为高职高专教材、各类培训教材和初学编程人员的参考书。

图书在版编目(CIP)数据

Visual FoxPro 程序设计实践教程/熊李艳，吴昊主编.
北京:中国铁道出版社,2008.8(2008.11 重印)
面向 21 世纪高等学校计算机基础课程规划教材
ISBN 978-7-113-08999-3

Ⅰ.V… Ⅱ.①熊…②吴… Ⅲ.关系数据库－数据库管理系统，Visual FoxPro－程序设计-高等学校-教材
Ⅳ.TP311.138

中国版本图书馆 CIP 数据核字(2008)第 124730 号

书　　名:Visual FoxPro 程序设计实践教程
作　　者:熊李艳　吴　昊　主编

策划编辑:严晓舟　秦绪好
责任编辑:王占清　　　　　　　　编辑部电话:(010) 63583215
特邀编辑:薛秋沛　　　　　　　　编辑助理:杨　勇　郗霁江
封面设计:付　巍　　　　　　　　封面制作:白　雪
责任印制:李　佳

出版发行:中国铁道出版社(北京市宣武区右安门西街 8 号　邮政编码:100054)
印　　刷:北京市彩桥印刷有限责任公司
版　　次:2008 年 8 月第 1 版　　2008 年 11 月第 2 次印刷
开　　本:787mm×1092mm　1/16　印张:12　字数:311 千
印　　数:2 000 册
书　　号:ISBN 978-7-113-08999-3/TP · 2925
定　　价:22.00 元

前　言

本书是吴昊、熊李艳主编并由中国铁道出版社出版的《Visual FoxPro 程序设计》的配套教材。全书根据教学内容的要求，每章都提供了至少一个实验，每个实验都包括实验目的、知识介绍、实验示例和上机实验。实验部分以一个完整的系统贯穿始终，每个实验精心设计，既单独成立，又相互联系。每个实验都是为了检验读者对当前知识的掌握和理解，同时又可以检验读者综合应用知识的能力。每章的第二部分提供了大量的针对性很强的习题。全书以知识点为线索，通过各种题型让读者掌握本课程的重点和难点。

本书既照顾到理论基础的学习，又强调技术实践的应用。通过介绍应用系统开发步骤与方法，以提高学生综合水平；通过此书，学生能够真正理解数据库，了解数据库设计的基本步骤，掌握数据库应用系统的基本开发方法，并具备使用 Visual FoxPro 建立、开发数据库应用系统的基本能力。

该书主要作者是长期从事该课程教学的优秀主讲教师，他们编写过多部教材，并多次荣获省高校教材评比一等奖。本书由熊李艳、吴昊任主编，周美玲、雷莉霞、黎海生任副主编。各章编写分工如下：第 1、2 章由周美玲编写，第 3、6 章由熊李艳编写，第 4、5、8、11 章由雷莉霞编写，第 9、10 章由吴昊编写，第 7、12、13 章由黎海生编写。熊李艳负责全书的统稿。刘觉夫教授参与了该书的大纲制订与全书的审稿。张邦明、杜玲玲、刘媛媛、范萍、张年、朱路、丁振凡、谢昕、曾辉、刘建辉、胡林峰、丁琼、喻佳、李明翠、叶云青、俞之杭、钟小妹、王益云、陈丹、周庆忠、宋岚、李黎青等做了大量的工作和程序调试，在此对他们表示感谢。

由于时间仓促，加之编者水平有限，书中难免有不足和疏漏，敬请读者批评指正。

编　者
2008 年 7 月

目 录

第**1**章

数据库系统简介

第一部分 上机指导

实验 数据库基础知识及 Visual FoxPro 6.0 的安装、启动和退出

一、实验目的

1. 了解数据库技术的发展、数据模型、数据库系统相关概念。
2. 了解 Visual FoxPro 6.0 的基本概念和特点。
3. 熟悉 Visual FoxPro 6.0 的安装过程。
4. 掌握 Visual FoxPro 6.0 的各种启动方法。
5. 掌握 Visual FoxPro 6.0 的各种退出方法。

二、知识介绍

1. 数据与信息

数据是反映客观事物特征的一种符号化的表示，获得的有用数据称为信息。数据是信息的一种表示形式，只有经过处理后有用的数据才能成为信息。信息是加工处理后的数据，是潜在于数据中的意义。

2. 数据处理

数据处理是指对各种类型的数据进行收集、存储、分类、排序、计算、加工、检索、传输等的过程。也就是由将原始数据转换成结果数据、将数据转换成信息的过程，通过数据处理可以获得信息。数据处理的详细步骤包括数据搜集、整理与加工、信息存储和信息传播。

3. 计算机管理数据的发展经历的 4 个阶段

（1）人工管理阶段

（2）文件系统管理阶段

（3）数据库管理阶段

数据库系统从 20 世纪 60 年代末问世以来，一直是计算机管理数据的主要方式。

（4）分布式数据库管理阶段

4．数据库系统的基本概念

（1）数据库

数据库是指以一定的组织形式存放在计算机存储介质上的相互关联的数据的集合。

（2）数据库管理系统

DBMS 的主要功能包括数据库定义、数据库操纵（查询、插入、修改、删除等）、数据库运行控制、数据库维护等。

（3）数据库应用系统

数据库应用系统的英文是 DataBase Application System，简称 DBAS，是指基于数据库的应用系统。一个 DBAS 通常是由数据库和应用程序两部分组成的，它们都需要在 DBMS 的支持下开发。

（4）数据库系统

数据库系统的英文是 DataBase System，简称 DBS，是指引进数据库技术后的计算机系统。

数据库应用系统是由硬件系统、数据库管理系统及相关软件、数据库应用系统和用户等组成的。

5．数据模型

数据模型是指反映客观事物及客观事物间联系的数据组织的结构和形式。常用的数据模型有 3 种：层次模型、网状模型和关系模型。

层次模型用树形结构来表示数据间的从属关系。

网状模型是层次模型的扩充，也称"网络模型"，表示多个从属关系的层次结构，呈现一种交叉的网络结构。

关系模型的所谓"关系"是指那种虽具有相关性但非从属性的平行的数据之间按照某种序列排列的集合关系。可以说，一个二维表就是一个关系。

基于层次模型建立的数据库称为层次数据库，基于网状模型建立的数据库称为网状数据库，基于关系模型建立的数据库称为关系数据库。

6．关系数据库的基本概念

Visual FoxPro 就是关系数据库的典型代表。

（1）关系与表

关系的逻辑结构是一张二维表。在 Visual FoxPro 中，一个关系就是一个"表"或者说一个数据表，每个表对应着一个磁盘文件，表文件的扩展名是.dbf。

（2）属性与字段

一个关系有很多属性（即实体的属性），对应二维表中的列（垂直方向）。每一个属性有一个名称，称为属性名。在 Visual FoxPro 中，属性表示为表中的字段，属性名即为字段名。也就是说，二维表中的属性在 Visual FoxPro 中称为"字段"。

（3）关系模式与表结构

对关系的描述称为关系模式，一个关系模式对应一个关系的结构。其格式为：

关系名（属性名 1，属性名 2，…，属性名 n）

在 Visual FoxPro 中对应的表结构为：

表名（字段名 1，字段名 2，…，字段名 n）

（4）元组与记录

二维表除了第一行之外的每一行称为一个"元组"。

在 Visual FoxPro 中，元组表示为表中的"记录"。

表示由表结构和表记录构成的，表结构和表记录都存储在扩展名为.dbf 的表文件中。一个表也可以没有记录，没有记录的表称为"空表"。对于空表来说，只有表头部分，称为"表结构"。

（5）域

域是指属性的取值范围。

（6）码和关键字

用来区分不同的元组的属性或属性组合，称为码。在 Visual FoxPro 中对应的概念是关键字，关键字是字段或字段的组合，用来在表中唯一地标识记录。若是一个字段表示的关键字，称为"单关键字"，若多个字段组合形成的关键字称为"组合关键字"。

7．关系运算

在 Visual FoxPro 中，关系运算包括选择、投影和连接运算。

8．Visual FoxPro 6.0 的基本功能

包括创建表、定义表间的关系、查询记录、建立和使用视图、创建表单、创建报表、建立菜单、系统连编和进行系统发布等功能。

9．Visual FoxPro 6.0 的特点

Visual FoxPro 6.0 具有简单、易学、易用、功能更强大、支持客户机/服务器结构、与其他软件的高度兼容等特点。

10．Visual FoxPro 6.0 的安装

Visual FoxPro 6.0 的安装方法和一般的应用软件的安装方法是类似的。从安装光盘中，找到名为 setup.exe 的文件，双击运行。之后将弹出"Visual FoxPro 6.0 安装向导"对话框，按照安装向导的提示一步一步地进行选择或输入一些信息就可以完成整个安装了。

11．Visual FoxPro 6.0 的启动

Visual FoxPro 6.0 的启动和一般的应用程序一样，有多种启动方法。

方法 1：

从"开始"菜单中选择"程序"命令；在下拉菜单中选择"Microsoft Visual FoxPro 6.0"命令；再选择"Microsoft Visual FoxPro 6.0"命令，单击，就可以进入 Microsoft Visual FoxPro 6.0 系统。

如果对"开始"菜单做过整理，操作步骤可能会稍有不同，但通常最终都要经过后两步。Visual FoxPro 6.0 应用程序的标志是一个狐狸头图像。

方法 2：

如果桌面上有 Visual FoxPro 6.0 的快捷方式，直接双击就可以打开 Visual FoxPro 6.0。

方法 3：

在硬盘中查找到 Visual FoxPro 6.0 运行的应用程序 Visual FoxPro6.exe，双击运行也可以进入 Visual FoxPro 6.0。

3 种方法的比较如下：

方法 1 和方法 2 的操作相对简单，但这两种方法都是通过 Visual FoxPro 6.0 的快捷方式来打开 Visual FoxPro 6.0。如果通过前两种方法都不能打开 Visual FoxPro 6.0，只能说明前两种方法里涉及到的快捷方式不存在或快捷方式不正确，不能判定这台计算机就没有安装 Visual FoxPro 6.0。只有第 3 种方法才是最根本的打开 Visual FoxPro 6.0 的方法。

12. Visual FoxPro 6.0 的退出

Visual FoxPro 6.0 的退出也有多种方法。

方法 1：单击 Visual FoxPro 6.0 应用程序窗口右上角的关闭按钮"×"。

方法 2：双击 Visual FoxPro 6.0 应用程序窗口左上角的控制菜单框，即狐狸头图标。

方法 3：双击 Visual FoxPro 6.0 应用程序窗口左上角的控制菜单框，然后在弹出的控制菜单中选择"关闭"命令。

方法 4：按快捷键【Alt+F4】。

方法 5：选择"文件"菜单的"退出"命令。

方法 6：在 Visual FoxPro 6.0 的命令窗口输入"QUIT"命令，然后按【Enter】键运行该命令就可以退出。

方法 7：当 Visual FoxPro 6.0 应用程序停止响应，前面的方法都不能使用时，同时按下键盘上的【Ctrl+Alt+Del】组合键，在弹出的对话框中选择 Visual FoxPro 6.0 应用程序，然后单击下方的"结束任务"按钮。当进行一次这样的操作仍然没有关闭 Visual FoxPro 6.0 时，此方法可以反复使用，直到最后退出 Visual FoxPro 6.0 为止。

这些方法中很多都是别的应用程序也具有的退出方法，只有第 6 种方法是 Visual FoxPro 6.0 独有的。

三、实验示例

【例 1.1】分别用 3 种方法启动 Visual FoxPro 6.0。第 1 种启动方法的操作界面如图 1-1 所示。

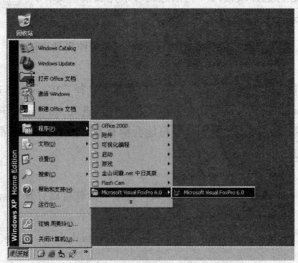

图 1-1　启动 Visual FoxPro 6.0 的第 1 种方法

后两种启动方法对应的操作界面如图 1-2 和图 1-3 所示。

需要注意的是：第 3 种方法要找到 Visual FoxPro6.exe 文件所在的文件夹，即 Visual FoxPro 6.0 的安装路径，图 1-3 所示的路径是 "C:\Program Files\Microsoft Visual Studio\ Visual FoxPro98"。对于不同的计算机来说，安装路径会略有不同。图 1-3 所示的 Visual FoxPro 6.0 安装在 C:盘。如果不清楚所使用的计算机 Visual FoxPro 的安装路径，可以通过选择 "开始" 菜单的 "搜索" 子菜单下的 "文件或文件夹" 命令进行搜索。

图 1-2 启动 Visual FoxPro 6.0 的第 2 种方法   图 1-3 启动 Visual FoxPro 6.0 的第 3 种方法

希望大家熟悉所用计算机的 Visual FoxPro 的安装路径，了解里面的内容，在后面的章节中可能会用到安装路径里的东西。

对于刚安装好 Visual FoxPro 6.0 的计算机来说，第一次启动 Visual FoxPro 6.0 会出现 "欢迎使用 Visual FoxPro" 的界面。

可以单击界面所示的按钮进行操作，第一次使用 Visual FoxPro 通常单击 "关闭此屏" 按钮。如果不希望下次再出现这个界面，可以先单击 "以后不再显示此屏" 按钮，然后单击 "关闭此屏" 按钮。

【例 1.2】分别用 7 种方法退出 Visual FoxPro 6.0。

在第二部分的 "知识介绍" 中 7 种退出方法的操作讲得很清楚，大家按照说明操作即可。

四、上机实验

1. 分别用 3 种方法启动 Visual FoxPro 6.0，并记录所用过的计算机的 Visual FoxPro 6.0 的安装路径。

2. 分别用 7 种方法退出 Visual FoxPro 6.0。

第二部分 习   题

一、选择题

1. Visual FoxPro 6.0 是（   ）位的数据库管理系统。

　　A. 8　　　　　　　　B. 16　　　　　　　　C. 32　　　　　　　　D. 64

2. Visual FoxPro 6.0 是（　　　　）的程序设计语言。

    A. 结构化　　　　　B. 面向过程　　　　　C. 面向非过程　　　　　D. 面向对象的可视化

3. Visual FoxPro 6.0 是微软公司推出的（　　　　）数据库管理系统。

    A. 层次　　　　　　B. 网状　　　　　　　C. 关系　　　　　　　　D. 关联

4. 数据库、数据库系统和数据库管理系统之间的关系是（　　　　）。

    A. 数据库包括数据库系统和数据库管理系统

    B. 数据库系统包括数据库和数据库管理系统

    C. 数据库管理系统包括数据库和数据库系统

    D. 三者没有明显的包含关系

5. 数据库系统的核心是（　　　　）。

    A. 数据库　　　　　B. 数据库管理系统　　C. 模拟模型　　　　　D. 软件工程

6. 下述关于数据库系统的叙述中正确的是（　　　　）。

    A. 数据库系统减少了数据冗余

    B. 数据库系统避免了一切冗余

    C. 数据库系统中数据的一致性是指数据类型一致

    D. 数据库系统的最大优点是比文件系统能管理更多的数据

7. 下列关于关系的叙述中，不正确的是（　　　　）。

    A. 关系中的每个属性都是不可分解的　　　　B. 在关系中元组的顺序无关紧要

    C. 任意一个二维表都是一个关系　　　　　　D. 每一个关系只有一种记录类型

8. 在关系的基本运算中，下列属于专门关系运算的是（　　　　）。

    A. 选择、排序　　　B. 选择、投影　　　C. 并、差、交　　　　D. 连接、排序

9. 最常用的一种基本数据模型是关系数据模型，它的表示应采用（　　　　）。

    A. 树　　　　　　　B. 网络　　　　　　C. 图　　　　　　　　D. 二维表

10. 在下列 4 个选项中，不属于基本关系运算的是（　　　　）。

    A. 连接　　　　　　B. 投影　　　　　　C. 选择　　　　　　　D. 笛卡儿积

11. 在文件系统阶段，操作系统管理数据的基本单位是（　　　　）。

    A. 记录　　　　　　B. 程序　　　　　　C. 文件　　　　　　　D. 数据项

12. 相对于数据库系统，文件系统的主要缺陷有数据关联差、数据不一致性和（　　　　）。

    A. 可重用性差　　　B. 安全性差　　　　C. 非持久性　　　　　D. 冗余度大

13. DBMS 是指（　　　　）。

    A. 数据库　　　　　　　　　　　　　　　　B. 数据库管理系统

    C. 数据库系统　　　　　　　　　　　　　　D. 关系数据模型

14. 关系表中的每一横行称为一个（　　　　）。

    A. 元组　　　　　　B. 字段　　　　　　C. 属性　　　　　　　D. 码

15. 下列数据模型中，具有坚实理论基础的是（　　　　）。

    A. 层次模型　　　　B. 网状模型　　　　C. 关系模型　　　　　D. 以上 3 个都是

16. 关系模型允许定义 3 类数据约束，下列不属于数据约束的是（　　　　）。

    A. 实体完整性约束　　　　　　　　　　　　B. 参照完整性约束

    C. 域完整性约束　　　　　　　　　　　　　D. 用户自定义的完整性约束

17. 下列说法错误的是（　　　）。

    A. 关系中每一个属性对应一个值域

    B. 关系中不同的属性可对应同一值域

    C. 对应同一值域的属性为不同的属性

    D. 对应同一值域的属性不一定是相同的属性

18. 在数据管理技术的发展过程中，经历了人工管理阶段、文件系统阶段和数据库系统阶段。其中数据独立性最高的阶段是（　　　）。

    A. 数据库系统　　　　B. 文件系统　　　　C. 人工管理　　　　D. 数据项管理

19. 在 Visual FoxPro 中"表"是指（　　　）。

    A. 报表　　　　　　B. 关系　　　　　　C. 表格　　　　　　D. 表单

20. 数据库系统与文件系统的最主要区别是（　　　）。

    A. 数据库系统复杂，而文件系统简单

    B. 文件系统不能解决数据冗余和数据独立性问题，而数据库系统可以解决

    C. 文件系统只能管理程序文件，而数据库系统能够管理各种类型的文件

    D. 文件系统管理的数据量较小，而数据库系统可以管理庞大的数据量

21. 应用数据库的主要目的是（　　　）。

    A. 解决数据共享问题　　　　　　　　B. 解决数据保密问题

    C. 解决数据完整性问题　　　　　　　D. 解决数据量大的问题

22. 在数据管理技术的发展过程中，可实现数据共享的是（　　　）。

    A. 人工管理阶段　　　　　　　　　　B. 文件系统阶段

    C. 数据库系统阶段　　　　　　　　　D. 系统管理阶段

23. 下列关系运算中，能使运算后得到的新关系中属性个数多于原来关系中属性个数的是（　　　）。

    A. 选择　　　　　　B. 连接　　　　　　C. 投影　　　　　　D. 并

24. 下列关于数据库系统的叙述中，说法正确的是（　　　）。

    A. 数据库中只存在数据项之间的联系

    B. 数据库中只存在记录之间的联系

    C. 数据库中数据项之间和记录之间都存在联系

    D. 数据库中数据项之间和记录之间都不存在联系

25. 从关系模式中指定若干个属性组成新的关系的运算称为（　　　）。

    A. 连接　　　　　　B. 投影　　　　　　C. 选择　　　　　　D. 排序

26. 在数据库管理系统提供的数据语言中，负责数据的查询、插入、修改和删除等操作的是（　　　）。

    A. 数据定义语言　　　　　　　　　　B. 数据转换语言

    C. 数据操纵语言　　　　　　　　　　D. 数据控制语言

27. 数据独立性是数据库技术的重要特点之一。所谓数据独立性是指（　　　）。

    A. 数据与程序独立存放　　　　　　　B. 不同的数据被存放在不同的文件中

    C. 不同的数据只能被对应的应用程序所使用　　D. 以上 3 种说法都不对

28. 用树形结构表示实体之间联系的数据模型是（　　　）。

    A. 层次模型　　　　B. 网状模型　　　　C. 关系模型　　　　D. 以上 3 个都是

29. 关系运算中的选择运算是（　　　）。

    A. 从关系中找出满足给定条件的元组的操作

    B. 从关系中选择若干个属性组成新的关系的操作

    C. 从关系中选定满足给定条件的属性的操作

    D. A 和 B 都对

30. 下列叙述中，正确的是（　　　）。

    A. 数据库系统是一个独立的系统，不需要操作系统的支持

    B. 数据库技术的根本目标是要解决数据的共享问题

    C. 数据库管理系统就是数据库系统

    D. 以上 3 种说法都不对

二、填空题

1. 数据库管理系统常见的数据模型有_____、_____和_____ 3 种。

2. 用二维表数据来表示实体及实体之间联系的数据模型称为_____。

3. 在关系模型中，二维表的列称为_____，二维表的行称为_____。在 Visual FoxPro 6.0 中，列称为_____，行称为_____。

4. 在关系数据库中，把数据表示成二维表。每一个二维表称为_____。

5. 在下列关系运算中，不改变关系表中的属性个数但通常能减少元组个数的是_____。

6. 对关系进行选择、投影或连接运算后，运算的结果仍然是一个_____。

7. 传统的集合运算包括_____、_____和_____。

8. 利用计算机来管理数据，其中的发展过程总共经历了 4 个阶段，分别是_____、_____、_____和_____。

9. 关系数据库管理系统所管理的关系是_____。

10. 数据库中的数据是有结构的，这种结构是由数据库管理系统所支持的_____表现出来的。

三、问答题

1. 简述数据和信息之间的关系。

2. 与文件管理系统相比，数据库系统有哪些优点？

3. 结合实例简单说明层次模型、网状模型和关系模型的特点。

4. 数据库管理系统有哪些基本功能？

5. Visual FoxPro 6.0 有哪些主要的特点？

6. 列出 Visual FoxPro 6.0 的各种启动和退出方法。

第 2 章

Visual FoxPro 6.0 的基础知识

第一部分　上机指导

实验一　Visual FoxPro 6.0 的使用

一、实验目的

1. 熟悉 Visual FoxPro 6.0 用户界面。
2. 学习配置 Visual FoxPro 6.0 系统开发环境。
3. 了解 Visual FoxPro 6.0 的 3 种辅助设计工具及其用法。
4. 了解 Visual FoxPro 6.0 各种类型的文件及其扩展名。
5. 了解 Visual FoxPro 6.0 的工作方式。
6. 了解 Visual FoxPro 6.0 的命令格式。

二、知识介绍

1. Visual FoxPro 6.0 的用户界面

正常启动 Visual FoxPro 6.0 之后，进入 Visual FoxPro 6.0 的主窗口。

主窗口由标题栏、菜单栏、工具栏、工作区、状态栏和命令窗口 6 部分组成。

其中主菜单又称系统菜单。通常包含 8 个菜单项：文件、编辑、显示、格式、工具、程序、窗口和帮助。

2. 配置 Visual FoxPro 6.0 的开发环境

开发环境设置包括主窗口标题、默认目录、项目、编辑器、调试器及表单工具选项、临时文件存储、拖放字段对应的控件和其他选项。用户可以使用 Visual FoxPro 6.0 默认设置，也可以根据需要定制系统开发环境。配置开发环境既可以用菜单方式，也可以用命令方式。

（1）菜单方式

选择主菜单下的"工具"→"选项"命令，然后在教材如图 2-3 所示的"选项"对话框中进行配置。

"选项"对话框有 12 种不同类别的选项卡，对应着不同类别的运行环境的设置界面。后面经常要用到的设置有默认目录、日期格式、是否启用严格日期格式等，操作界面分别在"文件位置"、"区域"、"常规"选项卡。

（2）命令方式

一些设置也可以用 SET 命令来实现，常用的设置系统运行环境的命令如教材第 2 章表 2-1 所示。

3. Visual FoxPro 6.0 辅助设计工具

Visual FoxPro 6.0 提供了 3 类辅助设计工具帮助用户更方便地进行操作，这 3 类辅助设计工具分别是：向导、设计器和生成器。

向导会引导用户分步地完成某项工作，用户只需通过向导的一系列屏幕提示，回答问题或选择选项，向导就会根据回答生成文件或执行任务，帮助用户快速完成一般性任务。

设计器用于创建和修改应用程序中各种组件的可视化设计工具。

生成器是带有选项卡的对话框，用于简化对表单、复杂控件和参照完整性代码的创建和修改过程。生成器的操作和向导类似。

4. Visual FoxPro 6.0 的文件

使用 Visual FoxPro 6.0 开发应用程序时会创建很多文件，这些文件的文件类型多而繁杂。教材第 2 章的表 2-2 列出了 Visual FoxPro 6.0 中的文件类型、扩展名和说明。Visual FoxPro 6.0 中最常用的文件类型是：存储数据的数据库文件、存储程序的程序文件和存储表单的表单文件。常用的文件类型有：数据库、表、项目、索引、查询、视图、程序、表单、菜单、报表、标签等。

5. Visual FoxPro 6.0 的项目

Visual FoxPro 6.0 的项目是一个包含广泛的概念，简单地说，项目是指文件、数据、文档和各种对象的集合。项目被保存在以 .pjx 为扩展名的文件中。项目是用"项目管理器"来管理的，打开项目文件会自动打开项目管理器。

6. Visual FoxPro 6.0 的工作方式

Visual FoxPro 6.0 完成某个操作可以通过不同的方式来实现，这些方式可以分为两大类：交互方式和程序方式。

（1）交互方式

交互方式又可分为可视化操作方式和命令操作方式。可视化操作方式包括菜单操作方式和工具操作方式。

菜单操作方式是指用户通过菜单的选择来完成某项操作。这种操作方式不需编写程序，也不需要记忆具体的命令格式，非常简单方便。

工具操作方式是指利用向导、设计器、生成器等可视化开发工具来完成某些操作。这种操作方式非常方便、直观。

命令操作方式是指在命令窗口中输入一个命令然后运行该命令就可以进行相应的操作。命令操作为用户提供了一种简捷直接的操作方式，这种方法能够直接使用系统的各种命令和函数，有效地操作数据库，但需要用户熟练掌握命令的语法与结构以及函数的细节。

（2）程序方式

所谓程序操作是指将为了完成某项任务而需要运行的多条命令编写成一个程序，通过一次性运行这个程序来完成某些任务。命令操作方式要一行一行命令运行，程序操作方式是将程序文件中的命令按顺序一次性地批量运行。

这几种操作方式可以相互补充，既可以在程序中增加菜单操作，也可以在菜单中增加程序操作。当然，命令操作是这些操作方法的基础。

7. Visual FoxPro 6.0 的命令格式

（1）命令格式

Visual FoxPro 6.0 的命令的一般格式如下：

　　　　命令动词　　子句

其中，子句也称为"短语"。

（2）4 种常用命令子句

① 范围子句。

范围子句用来确定执行该命令涉及的记录条数，范围子句有 4 种格式：

ALL	所有记录
NEXT <N>	从当前记录开始的 N 条记录
RECORD<N>	第 N 条记录
REST	从当前记录开始到最后一条记录的所有记录

② FOR 子句。

FOR<条件>子句中的<条件>为逻辑表达式，用来指定筛选记录的条件。只有满足条件的记录才被选择。若命令中同时包含范围子句和 FOR 子句，则在指定范围中筛选出符合条件的记录。

③ WHILE 子句。

该子句也用于指定筛选记录的条件，但它仅在当前记录符合<条件>时开始依次筛选记录，一旦遇到不满足条件的记录就停止操作。也就是说，WHILE 子句是指定连续筛选的条件。

若一条命令中同时包含 FOR 子句和 WHILE 子句，则优先处理后者。

④ FIELDS 子句。

范围、FOR 与 WHILE 子句都能将表中需要操作的记录筛选出来，FIELDS 子句则能确定需要操作的字段。在<字段名表>中，每个字段名之间必须用逗号隔开。如果缺省这个子句，则表示选择所有的字段。

（3）命令书写规则

① 任何命令必须以命令动词开头，命令子句通常无先后顺序，可以任意排列，但命令动词以及各命令子句之间必须用空格隔开。

② 命令动词与各子句中的保留字，包括后面将要介绍的函数名都可以简写成前 4 个字母，而且英文字母不区分大小写。例如 DISPLAY MEMORY 命令可以简写成 DISP MEMO。但为了保持持续的可读性，命令动词通常不用缩写。

③ 一条命令的长度可达 8 192 个字符。若一行写不下，可在适当的位置插入续行符 ";" 并按【Enter】键，然后在下一行继续输入命令的后面部分。

④ 命令子句中的标点符号都是英文半角下的。

⑤ 命令或函数格式中以"|"分隔的两项表示两者可选其一，例如 DISPLAY |LIST。用尖括号"<>"括起来的部分表示由用户定义的内容。但这些符号并非命令或函数的组成部分。

三、实验示例

【例 2.1】修改主窗口标题

在命令窗口中依次运行以下命令，观察主窗口标题的变化：

```
_SCREEN.Caption="标题栏被修改"
_Visual FoxPro.Caption="标题栏将恢复"
_SCREEN.Caption="Microsoft Visual FoxPro"
```

【例 2.2】显示、清除和自定义工具栏

从"显示"菜单中选择"工具栏"命令，弹出"工具栏"对话框，若要显示或隐藏某个工具栏，只要在工具栏左边打上或清除"×"标记，然后单击"确定"按钮即可。

在弹出的"工具栏"对话框中单击"新建"按钮，弹出"新工具栏"对话框，输入要创建的工具栏的名称，单击"确定"按钮后弹出"定制工具栏"对话框。在"分类"列表框中选择工具栏分类，在"按钮"选项区域现的该分类的按钮中选择需要的按钮拖到新建的工具栏上，新的工具栏就建好了。

【例 2.3】配置系统运行环境

选择"工具"菜单的"选项"命令，在弹出的"选项"对话框中分别做如下操作：

① 选择"文件位置"选项卡，选择"默认目录"选项按钮，单击"修改"按钮，选中"使用默认目录"复选框，单击带省略号的按钮，然后选择需要的默认目录，单击"选定"按钮，再单击"确定"按钮，然后单击"设置为默认值"按钮。

② 选择"区域"选项卡，选择不同的日期格式，设置小数位数，设置星期的起始日等。

③ 选择"常规"选项卡，选择不同的"严格的日期级别"。

④ 选择"显示"选项卡，选中或取消选中"状态栏"、"时钟"等复选框，观察主窗口的变化。

对应于上面的操作，尽量写出相应的命令。

【例 2.4】分别启动某一种向导、设计器和生成器

四、上机实验

1. 将主窗口标题修改成 123456789，然后还原。

2. 建立一个新的工具栏，要求新工具栏中包含"新建"、"打开"、"剪切"、"复制"和"粘贴" 5 个按钮。

3. 分别用菜单和命令方式将 E:盘设置为默认目录。

4. 分别用向导和设计器创建一个表单，保存在 E:盘。

实验二　Visual FoxPro 6.0 的常量、变量、运算符和表达式

一、实验目的

1. 了解 Visual FoxPro 6.0 的数据类型。

2. 掌握 Visual FoxPro 6.0 的常量、变量和变量的操作。

3. 掌握 Visual FoxPro 6.0 的运算符、表达式及其应用。

二、知识介绍

1. Visual FoxPro 6.0 的数据类型

数据类型是数据的基本属性。Visual FoxPro 6.0 的数据类型分为两种：一种既可用于变量和数组又可用于表中的字段，另一种只能用于表中的字段。

（1）字符型（Character）

简称 C 型。由字母（汉字）、数字、空格等任意 ASCII 码组成，长度为 0～254 个。

（2）数值型（Numeric）

简称 N 型。用来表示数量，它由数字 0～9、一个符号（+或−）和一个小数点（.）组成。

（3）逻辑型（Logical）

简称 L 型。只有真（.T.）和假（.F.）两个值，占 1 字节。

（4）日期型（Date）

简称 D 型。用以保存日期。存储格式为"yyyymmdd"，其中 yyyy 为年，占 4 位；mm 为月，占 2 位；dd 为日，占 2 位。

表示形式多样，最常用的格式为 mm/dd/yyyy。

取值范围是：公元 0001 年 1 月 1 日～公元 9999 年 12 月 31 日。

（5）日期时间型（DateTime）

简称 T 型。用以保存日期和时间值。存储格式是 yyyymmddhhmmss，其中 yyyy 为年，占 4 位；mm 为月，占 2 位；dd 为日，占 2 位；hh 为时间中的小时，占 2 位；mm 为分钟，占 2 位；ss 为秒，占 2 位。

日期时间型数据中可以只包含一个日期或只包含一个时间值，缺省日期值时，系统自动加上 1999 年 12 月 31 日；缺省时间值时，则自动加上午夜零点。

（6）货币型（Currency）

简称 Y 型。在使用货币值时，可以使用货币型来代替数值型。默认格式是"$数值量"，保留 4 位小数。

以上数据类型既可用于变量和数组又可用于数据表中的字段。下面的数据类型只能用于表中的字段：

（7）双精度型（Double）

用于取代数值型，以便能提供更高精度的数值。

（8）浮点型（Float）

浮点型在功能上与数值型等价，包含此类型是为了提供兼容性。

（9）通用型（General）

简称 G 型。用于存储 OLE 对象，占 4 字节。OLE 对象的具体内容可以是一个电子表格、一个字处理器的文本、图片等，甚至可以是一个可执行程序。该字段包含了对 OLE 对象的引用，用来引用它的实际内容，实际内容存放在与表文件同名扩展名为.fpt 的备注文件中。

（10）备注型（Memo）

简称 M 型。用于字符型数据块的存储，占 4 字节，用来引用备注的实际内容。实际备注内容存储在相应的备注文件中，故备注型字段的大小仅受限于现有的磁盘空间。

（11）整型（integer）

用于存储无小数部分的数值。

（12）字符型（二进制）

用于存储任意不经过代码页修改而维护的字符数据。

（13）备注型（二进制）

用于存储任意不经过代码页修改而维护的备注型数据。

2. Visual FoxPro 6.0 的常量

常量是在程序运行过程中其值保持不变的量。在 Visual FoxPro 中，常量的类型有字符型、数值型、逻辑型、日期型、日期时间型、浮点型和货币型 7 种。

① 字符型常量是由汉字和 ASCII 字符集中可打印字符组成的字符串，使用时必须用界定符（""、''或[]，即双引号、单引号或中括号）括起来。

仅包含数字的字符串称为"数字字符串"，如"123"。

字符型常量是有长度的，计算字符型常量的长度时，半角状态下的英文字母、数字、标点符号长度为 1，汉字、全角状态下的英文字母、数字、标点符号长度为 2。

② 数值型常量由阿拉伯数字（0～9）、小数点和正负号组成。

③ 逻辑型常量只有两个，分别是.t.或.T.和.f.或.F.，用来表示逻辑真和逻辑假。注意，逻辑型常量.T.两边的点号是必不可少的，并且点号和字母"T"之间不能有空格。

④ 日期常量必须用一对花括号"{"和"}"作为界定符，其默认格式是{mm/dd/yyyy}。

日期型常量有多种格式，可以通过选择"工具"菜单的"选项"命令来设置，也可以通过相应的设置日期格式的命令来设置。使用的格式应该和所设置的格式相符，否则会出错。

使用菜单方式设置日期格式的具体步骤是：选择"工具"→"选项"命令，在"选项"对话框中选择"区域"选项卡，在"时间和日期"选项区域中进行设置即可。

相应的命令是：

```
SET DATE TO ANSI|AMERICAN|BRITISHFRENCH|
GERMAN|ITALIAN|JAPAN|USA|YMD|MDY|DMY
```

该命令中各个短语定义的日期格式如教材表 2-3 所示。

对于合法的日期常量，Visual FoxPro 6.0 会根据所设置的格式做出解释。如日期常量{01/02/03}在"MDY"的格式下表示"2003 年 01 月 02 日"，在"YMD"格式下表示"2001 年 02 月 03 日"，在其他的格式下也有相应的解释。

除了常规的日期格式之外，还有一种严格的日期格式。形式为：

```
{^yyyy-mm-dd [hh[:mm[:ss]][a|p]]}
```

通过 SET STRICTDATE TO 0/1 命令可以关闭或打开严格的日期格式，也可通过如下菜单操作来关闭或打开：选择"工具"→"选项"命令，在弹出的对话框中选择"常规"选项卡在"2000年兼容性"选项区域中，选择"0-关闭"、"1-常量"或"2-常量加上 CTOD()和 CTOT()"选项。

SET CENTURY ON/OFF 命令用来设置年份的位数。

SET MARK TO [日期分隔符]命令用于指定日期分隔符。

⑤ 日期时间型常量格式为{mm/dd/yyyy hh:mm:ss [a|p]}。日期和时间之间用空格隔开。

⑥ 浮点型常量是数值型常量的浮点格式。

⑦ 货币型常量的书写格式与数值型常量类似，但要加上一个前置"$"，精确到小数点后 4 位。

3. Visual FoxPro 6.0 的变量及其基本操作

（1）变量的概念

变量是指在命令或程序运行过程中可以变化的量。

（2）变量的分类

Visual FoxPro 6.0 中有 4 种形式的变量：内存变量、数组变量、字段变量和系统变量。除系统变量由系统规定外，其余 3 种都由用户定义。

（3）变量的命名

变量的命名规则是：以字母或下画线开头，由字母、数字及下画线组成，长度为 1～128 个字符，不能使用 Visual FoxPro 6.0 的保留字。在 Visual FoxPro 6.0 中文版中，可以以汉字开头并包含汉字，每个汉字占 2 个字符。

合法的变量名如：

abc、a_1、汉字、_yes、max、sum

非法的变量名如：

2a、y-2、-abc、∏、a?b、y　100

（4）内存变量的概念及相关操作

① 相关概念。

内存变量是存放单个数据的内存单元。内存变量是一种临时变量，常用来存储数据处理过程中的输入、输出、中间结果及最终结果或用来存储控制程序执行的各种参数，一般随着程序运行结束或退出 Visual FoxPro 6.0 而释放。

Visual FoxPro 6.0 定义了 6 种类型的内存变量，即字符型、数值型、逻辑型、日期型、日期时间型和屏幕型内存变量。同一个内存变量可以在不同时间给它赋不同类型的值，故内存变量的类型由最近一次所赋数据的类型决定。

② 内存变量的赋值命令。

格式 1：STORE <表达式> TO <内存变量名清单>

格式 2：<内存变量名>=<表达式>

功能：格式 1 可以给一组内存变量赋相同的值，格式 2 只能给一个内存变量赋值。

例如：STORE 200 TO max,min

　　　max=200

　　　min=200

后两条语句的功能和第一条语句相同。

③ 清除内存变量。

两个命令格式如下：

```
CLEAR MEMORY
RELEASE <内存变量列表>
RELEASE ALL [LIKE|EXCEPT <通配符>]
```

功能：清除当前内存中的内存变量，释放存储空间。

说明：

CLEAR　MEMORY 表示释放所有的内存变量。

ALL 表示所有的内存变量。

LIKE <通配符>表示清除与通配符相匹配的内存变量。

EXCEPT <通配符>表示清除与通配符不相匹配的内存变量。

例如：释放以字母"x"开头的内存变量对应的命令是：

```
RELEASE ALL LIKE x*
```

④ 显示内存变量。

格式：DISPLAY|LIST MEMORY [LIKE <通配符>][TO PRINTER[PROMPT]
　　　||TO FILE <文件名>][NOCONSOLE]　　　　&&显示当前内存中的内存变量

功能：显示当前内存中所有内存变量的名称、类型和当前值，显示所有数组变量以及系统变量。DISPLAY 命令和 LIST 命令的区别在于前者分屏显示而后者一次性滚动显示。

说明：

TO PRINTER 将命令的输出传送给打印机进行打印。

TO FILE <文件名>将命令的输出传到指定的文件中去。

使用 NOCONSOLE 短语后，命令的输出将不在屏幕上显示。

⑤ 存储内存变量。

格式：SAVE TO <内存变量文件名>|TO MEMO <备注型字段名> [ALL[LIKE|EXCEPT <通配符>]]

功能：将所有符合条件的内存变量、数组变量的各种信息全部存储到一个文件或一个备注型字段中。

内存变量如果不保存的话在退出 Visual FoxPro 6.0 系统时将自动释放。

说明：

TO <内存变量文件名>是将内存变量的信息存储到指定的内存变量文件中，文件默认的扩展名是. mem。

TO MEMO <备注型字段名>指定存储内存变量信息的备注型字段。

ALL 表示存储对象为内存中的所有内存变量和数组变量。

LIKE <通配符>表示存储对象为与通配符相匹配的内存变量和数组变量。

EXCEPT <通配符>表示存储对象为与通配符不相匹配的内存变量和数组变量。

如把所有的内存变量的信息存储到 AAA. mem 文件中对应的命令是：

```
SAVE TO AAA
```

⑥ 恢复内存变量。

格式：RESTORE FROM <内存变量文件名>|FROM MEMO <备注型字段名>[ADDITIVE]

功能：将保存在内存变量文件或备注型字段中的内存变量恢复到内存中。

说明：

FROM <内存变量文件名>从文件中读入变量进行恢复，文件默认的扩展名是.mem。

FROM MEMO <备注型字段名>从备注型字段中恢复。

选用 ADDITIVE 短语时，变量读入内存时不清除原先内存中已经存在的变量。

如将内存变量文件 AAA.mem 中存储的变量读入内存，保留内存中原有的变量对应的命令是：

```
RESTORE FROM AAA ADDITIVE
```

⑦ 输出命令。

格式：

　　?变量名

功能：显示变量的值。

如分别运行下列命令：

```
STORE  23  TO  x,y,z
    ? x,y,z
```

屏幕上将显示：

```
23  23  23
```

（5）字段变量

一个数据库是由若干相关的数据表组成的，一个数据表示由若干个具有相同属性的记录组成的，而每一个记录又是由若干个字段组成的。字段变量就是指数据表中已定义的任意一个数据项。

字段变量必须依附于表，随着表的打开而自动产生，随着表的关闭而在内存中被释放。当某个数据表文件被打开后，Visual FoxPro 6.0 系统将产生跟表的字段对应的相同个数的字段变量，这些字段变量的变量名及类型与数据库文件的字段名及类型相同。当数据表文件的记录指针发生变化时，字段变量的值也相应地发生变化，等于字段变量在该记录上的分量。

内存变量名与字段变量名同名时，字段变量被优先引用。若要引用内存变量，可在内存变量名前加前缀 M.，以示区别。

（6）系统变量

系统变量是 Visual FoxPro 6.0 自动生成和维护的变量，通常以下画线开头。系统变量用来控制外部设备（如打印机、鼠标等），屏幕输出格式或处理相关计算器、日历、剪贴板等方面的信息。

系统变量举例如下：

① _DIARYDAT。

用来存储当前日期。

② _CLIPTEXT。

接收文本并送入到剪贴板。该系统变量是可读可写的。

_CLIPTEXT 的值可以通过复制或剪切操作来改变，也可以通过赋值语句来改变。

③ _Visual FoxPro。

Visual FoxPro 6.0 应用程序窗口。可以通过修改_Visual FoxPro 的相关属性来改变 Visual FoxPro 6.0 应用程序窗口的标题等。

如运行下列命令：

```
_Visual FoxPro.CAPTION="987654321"
```

将把 Visual FoxPro 6.0 窗口的标题改成"987654321"。

④ _SCREEN。

屏幕窗口。可以通过修改_SCREEN 的相关属性（如标题 CAPTION、字体名称 FONTNAME、字体大小 FONTSIZE、加粗 FONTBOLD、倾斜 FONTITALIC、字体颜色 FORECOLOR、背景颜色 BACKCOLOR 等）来改变 Visual FoxPro 6.0 窗口的标题、显示格式等。

如依次运行下列命令：

```
_SCREEN.CAPTION="abcdef"
_SCREEN.FONTNAME="黑体"
```

```
_SCREEN.FONTSIZE=50
_SCREEN.FONTBOLD=.T.
_SCREEN.FONTITALIC=.T.
_SCREEN.FORECOLOR=RGB(255,0,0)
_SCREEN.BACKCOLOR=RGB(0,0, 255)
?"江西南昌"
```

运行命令之后，Visual FoxPro 6.0 窗口的标题改成"abcdef"，并在屏幕上以 50 号字、黑体、加粗倾斜、蓝底红字的格式显示字符串"江西南昌"。

4. Visual FoxPro 6.0 的运算符与表达式

运算是对数据进行加工的过程，描述各种不同运算的符号称为运算符，而参与运算的数据称为操作数。运算符也称为操作符。

表达式用来表示某个求值规则，它由运算符和配对的圆括号将常量、变量、函数、对象等操作数以合理的形式组合而成。

表达式最终都将产生一个结果，也就是表达式的值，所以表达式也是有一定类型的数据。

在 Visual FoxPro 6.0 中，将运算符和表达式分为下列 5 类：算术运算符和算术表达式、字符串运算符和字符串表达式、日期时间运算符和日期时间表达式、关系运算符和关系表达式以及逻辑运算符和逻辑表达式。

表达式的输出命令如下：

?[[?]<表达式>,[<表达式>]]

功能：计算表达式的值，并在屏幕上输出。

说明：

?是先换行再输出。

??是在当前光标的位置输出，两个问号之间不能有空格。

（1）算术运算符和算术表达式

算术运算符主要用于数值数据间的算术运算。算术表达式是由算术运算符和数值型数据、数值型内存变量、数组型数据、数值类型字段变量、返回值为数值型数据的函数组成的。算术表达式的运算结果也是数值型常数。

左右两边连接两个操作数的运算符，称为双目运算符；右边连接一个操作数的运算符，称为单目运算符。

除取负"-"是单目运算符外，其他算术运算符都是双目运算符。

在进行算术表达式计算时，要遵循：先括号，在同一括号内，按先取负（-），再乘方（^或**），再*、/和%，后+和-的运算原则。若同处一个级别则按从左到右的顺序计算。

算术表达式的书写规则要遵循以下规则。

① 每个符号占 1 格，所有符号都必须一个一个并排写在同一横线上，不能在右上角或右下角写方次或下标。如 x^2 要写成 x^2，x_1+x_2 要写成 x1+x2。

② 原来在数学表达式中省略的内容必须重新写上。如 $2x$ 要写成 2*x。

③ 所有括号都用小括号()，括号必须成对出现。如：$3[x+2(y+z)]$ 必须写成 3*(x+2*(y+z))。

④ 要把数学表达式中的某些符号，改成 Visual FoxPro 6.0 中可以表示的符号。如要把 $2\pi r$ 改成 2*pi*r。

（2）字符串运算符和字符串表达式

字符串表达式是由字符串运算符和字符型常量、字符型内存变量、字符型数组、字符型类型的字段、返回字符型数据的函数组成的。字符表达式的运算结果是字符型常量或逻辑型常量。

Visual FoxPro 6.0 提供的字符串运算符优先级相同，共有 3 个，分别是：+（连接）、–（空格移位连接）和$（包含）。空格移位连接是将前一字符串尾部的空格移到后面字符串的尾部然后连接起来。

（3）日期时间运算符和日期时间表达式

日期型表达式由算术运算符"+"、"–"、算术表达式、日期型常量、日期型变量、日期型数组、返回日期型数据的函数组成。日期型数据是一种特殊的数值型数据，它们之间只能进行如下 3 种运算：

① 两个日期型数据可以相减，结果是一个数值型数据（两个日期相差的天数）。

    {^2008/03/08}-{^2008/01/01}   &&结果为数值型数据：67

② 一个表示天数的数值型数据可加到日期型数据中，其结果仍然为一日期型数据（向后推算日期）。

    {^2008/01/01}+67   &&结果为日期型数据：{^2008/03/08}

③ 一个表示天数的数值型数据可从日期型数据中减掉它，其结果仍然为一日期型数据（向前推算日期）。

    {^2008/03/08}-67   &&结果为日期型数据：{^2008/01/01}

对日期时间型数据也可进行+或–运算，但计算的单位是秒，即计算两个日期时间型数据相差的秒数，或一个日期时间型数据往前或往后推多少秒后得到的日期时间。

（4）关系运算符和关系表达式

关系运算符又称比较运算符，用来对两个表达式的值比较大小，运算的结果是一个逻辑型常量。Visual FoxPro 6.0 提供的关系运算符优先级相同，共有 7 种，分别是<、<=、>、>=、=、<>（#或!=）和==（等同于）。

说明：

① 关系运算符的优先级相同，按从左到右的顺序依次进行。

② 关系运算符两侧的值或表达式的类型应该一致，否则会产生"操作符/操作数类型不匹配"的错误。

③ 一个操作数不能同时连接两个关系运算符。数学不等式 $a \leqslant x \leqslant b$，在 Visual FoxPro 6.0 中不能写成 a<=x<=b，而是要拆分成两个关系表达式然后通过逻辑运算符连接起来。

④ 字符型数据应按其 ASCII 码的值进行比较。在比较两个字符串时，首先比较两个字符串的第一个字符，其中 ASCII 码值较大的字符所在的字符串大。如果第一个字符相同，则比较第二个，依此类推。

⑤ "=="表示"等同于"，用于精确匹配。

⑥ 关系运算符两边的表达式只能是数值型、字符串型、日期时间型，不能是逻辑型的表达式或值。

⑦ 要注意设置系统运行环境的命令 SET EXACT 对"="运算结果的影响。SET EXACT ON/OFF 命令用来设置是否进行精确匹配，默认的是 OFF。在默认情况下，只要等号右边的字符串是左边字符串左边的一部分，表达式的结果就为.T.。如左边字符串为"123"，右边字符串是""、"1"、

"12"、"123"中的某一个，表达式的结果就为.T.。若设置精确匹配，右边字符串只有为"123"时结果才为.T.。

（5）逻辑运算符和逻辑表达式

逻辑表达式是由逻辑运算符、逻辑型常量、逻辑型变量、逻辑型数组、返回逻辑型数据的函数和关系表达式组成的。逻辑表达式的运算结果仍然是逻辑型常量。

Visual FoxPro 6.0 提供的逻辑运算符有 3 种，按优先级排列分别是：NOT、AND、OR。

说明：

不等式 a≤x≤b 可以表示为 a<=x AND x<=b。

进行逻辑表达式的计算时，要遵循以下优先顺序：先括号，再 NOT，再 AND，然后 OR。

在早期的版本中，逻辑运算符的两边必须使用点号，如.AND.、.OR.、.NOT.，在 Visual FoxPro 6.0 中，两者可以通用。

（6）名表达式

在 Visual FoxPro 6.0 中，许多命令和函数都需要提供一个名称。在 Visual FoxPro 中常用的名称有：表文件名、表别名、表的字段名、索引文件名、索引标识名、文件名、内存变量名、数组名、窗口名、菜单名、表单名、对象名、属性名等。

在 Visual FoxPro 中定义一个名称时，需要遵循的命名规则和变量名的命名规则相同。

Visual FoxPro 还允许用户给命令和函数定义一个名称。

存于内存变量和数组元素中的命令和函数名，用户可以通过间接引用和宏替换这两种方法来使用它们。

间接引用方式，即首先把命令和函数名赋给内存变量和数组元素，然后再取内存变量和数组元素值。

例如：

```
STORE "所在学院" TO aa
REPLACE (aa) WITH "电气学院"
```

注意：第二条命令中的圆括号不能省略。字段名称被存放在变量 aa 中，在使用 REPLACE 命令时，名表达式(aa)将用字段名代替变量。

宏替换方法，即首先把命令和函数名赋给内存变量和数组元素，然后再利用宏替换函数取内存变量和数组元素值。

例如：

```
STORE "?2+4" TO x
?&x
```

以上命令将在屏幕上输出常数：6。以上两条命令的功能和下面命令等价：??2+4。

再例如：

```
x="Fox"
? "Visual &x.Pro 6.0"
```

以上命令将在屏幕上输出"Visual FoxPro 6.0"。需要注意的是，"&x"后面有个点号，用来与后面的字符分隔。若没有这个点号，输出的结果是"Visual &xPro 6.0"，"&x"被当成字符串常量处理而不是宏替换。

（7）运算符的优先顺序

对于一个综合的表达式，Visual FoxPro 6.0 将按如表 2-1 所示的顺序进行运算。

表 2-1　运算符的优先顺序

优 先 顺 序	运算符类型	运　算　符
1		－（取负）
2		^（乘方运算）
3	算术运算符	*、/、%（乘法、除法和取模运算）
4		+、－（加法和减法）
5	字符串运算符	+、－（字符串连接）
6	关系运算符	<、<=、>、>=、=、<>、==（优先级相同）
7		NOT
8	逻辑运算符	AND
9		OR

说明：

① 同级运算按照它们从左到右出现的顺序进行计算。

② 可以用括号改变优先顺序，强制表达式的某些部分优先运行。

③ 括号内的运算总是优先于括号外的运算，在括号内，运算符的优先顺序不变。

三、实验示例

【例 2.5】常量判断指出下列常量是不是合法常量，如果是，指出它的数据类型

① True　　　　　　　　　　　　&&非法常量

② T　　　　　　　　　　　　&&非法常量

③ .T.　　　　　　　　　　　　&&合法常量，逻辑型

④ 100　　　　　　　　　　　　&&合法常量，数值型

⑤ "123"　　　　　　　　　　&&合法常量，字符型，数字字符串

⑥ '100'　　　　　　　　　　&&合法常量，字符型，数字字符串

⑦ [34]　　　　　　　　　　&&合法常量，字符型，数字字符串

⑧ "^2008-03-30"　　　　　　&&合法常量，字符型

⑨ {^2008-03-30}　　　　　　&&合法常量，日期型

⑩ [{^2008-03-30}]　　　　　&&合法常量，字符型，值为{^2008-03-30}

⑪ 1.1E2　　　　　　　　　　&&合法常量，数值型，值为 110

⑫ Π　　　　　　　　　　　　&&非法常量

⑬ 3.14　　　　　　　　　　&&合法常量，数值型

⑭ "abc"　　　　　　　　　　&&合法常量，字符型

【例 2.6】写出下面输出语句的运行结果。

① ?10+2*8 % 3　　　　　　　&&先算乘法，再算取余，最后相加，结果为：11

② ? "　ABC　"-"123"　　　　&&结果为：ABC123

③ ? " ABC "+"123" &&结果为：" ABC 123"

④ ?"1234"$"23" &&结果为：.F.

⑤ ?"23"$"123" &&结果为：.T.

⑥ ?{^2008/09/24}+7 &&结果为：10/01/08，日期型

⑦ ?{^2008/03/30}−{^2008/01/01} &&结果为：89，数值型

⑧ ?"23"<"3" &&结果为：.T.

⑨ ?23<3 &&结果为：.F.

⑩ 先运行 SET EXACT ON，再运行?"WER"="WE" &&结果为：.F.

⑪ 先运行 SET EXACT OFF，再运行?"WER"="WE" &&结果为：.T

⑫ ?"4">"A" OR 7−4<3*2 &&结果为：.T.

⑬ 先运行 STORE "10*2" TO A，再运行?&A+2 &&结果为：22，数值型

⑭ 先运行 STORE "10*2" TO A，再运行?&A+"2" &&结果为：10*22，字符型

【例 2.7】 内存变量的基本操作。

（1）内存变量的赋值和显示。

分别用两种方式给内存变量赋值，然后显示内存的信息。在命令窗口分别输入下列命令。

```
RELEASE ALL          &&清除所有的内存变量
A=100                &&给内存变量A赋值
STORE "100" TO B,C,D  &&同时给内存变量B、C、D赋值为"100"
DISPLAY MEMORY       &&显示所有的内存变量的信息
```

运行上面的语句，将显示如下结果：

```
A        Pub        N        100        (100.00000000)
B        Pub        C        "100"
C        Pub        C        "100"
D        Pub        C        "100"
```

（2）内存变量的保存、删除和恢复。

在命令窗口分别输入下面的命令运行：

```
SAVE TO W            &&将所有内存变量保存到内存变量文件 W 中
RELEASE ALL          &&删除全部内存变量
DISPLAY MEMORY       &&屏幕上没有内存信息显示
RESTORE FROM W       &&从内存变量文件 W 中恢复已保存的内存变量
DISPLAY MEMORY       &&显示的内容将和第（1）部分的一样
```

四、上机实验

1. 写出下列命令的运行结果。

① ? (78%10)*10+(78−78%10)/10

② ?3*2^3−5

③ ?{^2004/08/24}−10

④ ?"ab"<"cd" AND 10/3>3

⑤ ?"abcd"=="ABCD"

⑥ ?"abc"="ab"

⑦ ?"123 "−"456"

⑧ ?"123"$"123456"

⑨ ?"123456"$"234"

⑩ ?NOT (5>2) OR (3<4)

⑪ ?{^2008-8-9}>{^2008-9-10} OR "BC" $ "ABCD"

⑫ ?2+5^3-1

⑬ ??(2+5)^3-1

⑭ ??2+5^(3-1)

⑮ ??(2+5)^(3-1)

2. 写出下列命令的运行结果并写出每条语句的功能。如果命令运行出错，则写出错误的提示并修改命令。

```
RELEASE ALL
STORE "100" TO A,B,C
?A,B,C
?A+12
D-100
E={^2007-6-7}
F={^2007-1-1}
?E-F
?D
D=.T.
?D
?D AND (E-157)=F
D=ABC"
?D+A
DISPLAY MEMORY
```

3. 自由练习。

① 自由练习各种运算符的使用，直到熟练掌握其用法。

② 用各种运算符自己设计综合表达式，计算其结果并验证。

实验三　Visual FoxPro 6.0 的函数和数组

一、实验目的

1. 了解 Visual FoxPro 6.0 的函数的分类。

2. 掌握 Visual FoxPro 6.0 的常用函数的用法。

3. 了解 Visual FoxPro 6.0 的数组的概念。

4. 掌握 Visual FoxPro 6.0 的数组的定义、赋值和使用。

二、知识介绍

1. 函数的分类

Visual FoxPro 6.0 的函数有两种，一种是用户自定义的函数，另一种是系统函数。自定义函数由用户根据需要自行编写，系统函数则是由 Visual FoxPro 6.0 提供的内部函数。

Visual FoxPro 6.0 提供的系统函数大约有 380 多个，主要分为：数值函数、字符处理函数、类型转换函数、日期时间函数、测试函数、表和数据库函数、菜单函数、窗口函数、数组函数、SQL 查询函数、位运算函数、对象特征函数、文件管理函数以及系统调用函数等 14 类。

2. 函数的类型

函数的返回值有确定的类型，因而在用函数组成表达式时要注意类型是否匹配。

所谓函数的类型就是函数值的类型。

使用 TYPE 函数能返回表达式的类型，也能测出函数的类型。

3. 函数的形式

函数的一般形式为：

```
函数名（[参数 1],[参数 2]...）
```

函数有函数名、参数和函数值 3 个要素。

4. 数学函数

数学函数的返回值皆为数值型。常用的数学函数见教材表 2-10 所示。

对于其中的 MOD(表达式 1，表达式 2)函数，要注意如下事项：

① 表达式 2 的值不能为 0，否则将出现"不能被 0 除"的错误提示。

② 余数的小数位数与表达式 1 相同，符号与表达式 2 相同。如：

```
?MOD(15,4),MOD(15,-4)          &&结果为: 3        -1
?MOD(-15,4),MOD(-15,-4)        &&结果为: 1        -3
?MOD(5.35,2),MOD(5.35,-2)      &&结果为: 1.35        -0.65
```

③ 如果被除数与除数同号，那么函数值即为两数相除的余数；如果被除数与除数异号，则函数值为两数相除的余数再加上除数的值。

```
?MOD(5,3)             &&结果为: 2
?MOD(5,-3)            &&结果为: -1
?MOD(-5,-3)           &&结果为: -2
?MOD(-5,3)            &&结果为: 1
?MOD(5.25,3.33333)    &&结果为: 1.92
```

对于 ROUND(表达式 1，表达式 2)函数，当表达式 2 的值大于或等于 0 时，为表达式 1 保留指定的小数位数；表达式 2 的值小于 0 时，其绝对值表示表达式 1 整数部分四舍五入的位数。如：

```
?ROUND(456.6789,2)       &&结果为: 456.68
?ROUND(456.6789,0)       &&结果为: 457
?ROUND(456.6789,-1)      &&结果为: 460
?ROUND(456.6789,-2)      &&结果为: 500
```

RAND(表达式)函数产生的是大于或等于 0 并且小于 1 的随机数，可以进行一些变换或结合 INT 函数进行一些变换得到更大范围内的随机数或随机整数。

① 要得到[A,B]范围的随机数（假设 A<B），可使用公式：

```
(B-A)*RAND()+A
RAND()*10+1
```

将产生大于或等于 1 并且小于 11 的随机数。

② 要得到[A,B]范围的随机整数（假设 A<B），可使用公式：

```
INT((B-A+1)*RAND()+A)
INT(RAND()*10+1)
```

将产生[1,10]闭区间内的随机整数。

5. 字符串函数

字符串函数的参数基本上是字符型数据，但返回值类型却各不相同。常用的字符串函数如教材表 2-11 所示。

对于字符串长度的函数 LEN(字符表达式)，若字符表达式包含汉字、特殊字符、全角符号，长度都算 2；英文字母、阿拉伯数字、半角符号等都算 1。如：

```
?LEN("?")                &&半角标点符号，结果为：1
?LEN("？")               &&全角标点符号，结果为：2
?LEN("中文")             &&汉字，结果为：4
?LEN("ab")               &&半角英文，结果为：2
?LEN("ａｂ")             &&全角英文，结果为：4
?LEN("★")               &&特殊字符，结果为：2
?LEN("123")              &&半角数字，结果为：3
?LEN("１２３")           &&全角数字，结果为：6
```

6. 转换函数

转换函数的功能是进行数据类型的转换，通常是成对出现的。常用的转换函数如教材表 2-12 所示。

其中，CHR(数值表达式)和字符串函数 ASC(字符表达式)是相互转换的。

STR 函数的第二个参数决定转换出来的字符串的长度，第三个参数决定转换后保留的小数位数。在计算字符串长度时，小数点要计算 1 位，若是负数转换，负号也要算 1 位。如转换后的字符串若要显示 3 位整数、2 位小数，且为负，则要完整地显示需要的信息，第二个参数应该大于或等于 7；若为正数，则第二个参数应该大于或等于 6。

后面两个参数可以都省略，转换出来的字符串没有小数部分，长度固定为 10，若本身整数部分就超过 10 位，则转换成科学计数法的形式；若整数部分不足 10 位，则在前面补空格。也可以只省略第三个参数，转换出来的字符串没有小数部分。

7. 日期函数

日期函数的返回值的类型不一定是日期型数据。常用日期函数如教材表 2-13 所示。

8. 测试函数

测试函数的返回结果很多是逻辑型，若测试成功返回.T.，测试不成功返回.F.。常用的测试函数如教材表 2-14 所示。

说明：

（1）有不少测试函数都跟表有关，通常不能直接应用，要先用命令将表打开才能测试。

（2）TYPE 函数的返回值与测试的表达式的类型对应，N、C、D、T、L 对应的类型分别是数值型、字符型、日期型、日期时间型、逻辑型。还要注意，双引号是参数本身的要求，不能将其算做测试对象的一部分。如：

```
?TYPE("{^2008/03/30}")              &&日期型常量，结果为：D
?TYPE("{^2008/3/30 21:57:19}")      &&日期时间型常量，结果为：T
?TYPE("10")                         &&数值型常量，结果为：N
?TYPE("4+6")                        &&算术表达式，结果为：N
?TYPE(".T.")                        &&逻辑型常量，结果为：L
?TYPE("[ab]")                       &&字符型常量[ab]，结果为：C
?TYPE("[WWW ]-'HTTP'")              &&字符型表达式，结果为：C
```

最后两个表达式要注意，由于 TYPE("<表达式>")的参数中要用到双引号，测试表达式中用来表示字符串常量的符号不能选择双引号，而要选择另外两种：单引号或中括号。

9. 其他函数

（1）条件函数 IIF

格式：IIF(条件表达式,值1,值2)

功能：若条件表达式的值为.T.，则返回值1，否则返回值2。如：

　　?IIF("23"<"3",0,1)　　　　　　　　　　&&条件表达式的值为.T.，结果为：0

（2）消息对话框函数

程序设计过程中经常要显示一些信息，如错误提示、操作提示等。消息对话框函数能以对话框的形式较方便地显示这些信息。

格式：MESSAGEBOX(提示[,按钮类型[,标题]])

功能：以对话框的形式显示信息，并返回所单击的按钮值，返回值为1～7的整数。

例如运行下面程序：

　　x=MESSAGEBOX("是否继续？",3+32,"提示！")

出现的对话框上将出现"是"、"否"和"取消"3个按钮以及问号标志，其中第一个按钮"是"是默认按钮。单击"是"、"否"或"取消"按钮后，变量 x 的值将分别是6、7、2。

10. 数组的概念

数组是用一个统一的名称表示的、由一系列数据值组成的有序列。每一个数据称为一个元素。数组元素又称下标变量，可以用数组名及下标来唯一地标识一个数组元素。

Visual FoxPro 6.0 中，同一数组中的元素可以包含不同类型的数据，同一个元素在不同时候也可以给它赋不同类型的值。即数组的每个元素的类型可以不相同，每个元素的类型也不固定。

使用数组时要注意以下几点：

① 数组的命名规则与简单变量的命名规则相同。

② 数组元素的下标从 1 开始。

③ 下标必须用括号括起来，如 A(2)。

④ 下标可以是常量、变量或表达式，还可以是数组元素。如 A(B(2))，若 B(2)=4，则 A(B(2)) 就是 A(4)。

⑤ 下标若不是整数，则会被自动取整（舍去小数部分）。如 B(5.9)将被视为 B(5)。

11. 数组的定义

数组必须遵循先定义后使用的原则。定义数组的语法格式如下：

```
DIMENSION | DECLARE <数组名1>(<数字表达式1> [,<数字表达式2>]) [,<数组名2>(<
数字表达式3>[,< 数字表达式4>]) … ]
```

说明：

① DIMENSION 和 DECLARE 可以选择其中一个来定义，二者是等价的。

② 在 Visual FoxPro 6.0 中，只允许定义一维数组或二维数组。

如果数组的元素只有一个下标，则这个数组为一维数组。例如，数组 N 有 10 个元素：N(1)、N(2)、N(3)、…、N(10)，则数组 N 为一维数组。一维数组中的各个元素又称为单下标变量。

如果数组元素有两个下标，则称为二维数组。二维数组元素又称为双下标变量。例如，二维数组 A(4,5)。该二维数组共有 4×5=20 个元素，表示了一个 4 行×5 列的表格，分别是：A(1,1)、A(1,2)、A(1,3)、A(1,4)、A(1,5)、A(2,1)、… 、A(3,5)、A(4,1)、A(4,2)、A(4,3)、A(4,4)、A(4,5)。

二维数组在内存中按行的顺序存储，因此也可依照存储顺序用一维数组来表示二维数组。例如上面的二维数组 A(4,5)中的元素 A(2,3)排列在第 2 行第 3 列，由于每行有 5 个元素，A(2,3)是其中的第 8 个元素，所以 A(2,3)也可表示为 A(8)。

③ 在一条定义语句中，可以同时定义若干个一维或二维数组。

例如，Declare C(2,3),D(3)，表示定义了一个二维数组和一个一维数组，二维数组名为 C，一维数组名为 D。

④ 定义数组时，可以使用方括号代替圆括号，即 Declare A(3)和 Declare a[3]是等价的，都是合法的命令。

⑤ 由于 Visual FoxPro 6.0 中，同一数组可以存放不同类型的数据，因此，数组定义时不必指定数组的类型。

⑥ 执行该命令后，所建立的数组中的所有元素系统都将初始化为逻辑值".F."，但是其值随着以后赋给数组元素的数据的类型的变化而变化。

12. 数组的赋值

对数组或单个数组元素赋值可用下面两种方式：

① STORE　<表达式>　TO　<数组名>

② <数组名>=<表达式>

例如：

```
STORE  100  TO  A(2,3)
A(2,3)= 100
```

13. 数组的使用

（1）重新定义数组的维数

重新执行 DIMENSION 命令可以改变数组的维数和大小。数组的大小可以增加或减少，一维数组可以重新定义为二维数组，二维数组可以重新定义为一维数组。

若重新定义后的数组只是元素的个数增加了，则将原数组中所有元素的内容复制到重新定义过的数组中，增加的数组元素初始化为逻辑值.F.。

（2）数组变量的释放

使用 RELEASE 命令可以从内存中释放变量和数组。格式如下：

```
RELEASE  <变量列表> | <数组列表>
```

其中各变量或数组名之间用逗号隔开。

（3）二维数组的双下标变量可以用一维数组的单下标变量来表示

对于二维数组 A(m,n)，若用一维数组来表示，则其元素 A(i,j)在一维数组中对应的下标可以通过以下公式来计算：

下标=$(i-1)*n+j$

或使用 AELEMENT()函数也能获得一维数组表示法中的元素下标，即下标=AELEMENT(数组名,行数 m,列数 n)

（4）数组与内存变量

数组是一种特殊的内存变量。一个数组只用一个内存变量，但是数组中的第一个元素可以当作一个内存变量来使用，这个内存变量称为下标变量。

三、实验示例

【例2.8】写出下列命令的执行结果。

```
?TYPE("ASC('ABC')")           &&结果为: N, 注意 ASC()函数的参数不能用双引号
?TYPE("[23]")                 &&结果为: C, 字符串类型
?TYPE("date()-1")             &&结果为: D, 日期型
?INT(8.9)                     &&结果为: 8
?ROUND(123.567,-2)            &&结果为: 100
?ROUND(123.567,2)             &&结果为: 123.57
?MAX(4,4.1,6)                 &&结果为: 6
?MOD(-10,3)                   &&结果为: 2
?PI()                         &&结果为: 3.14
?SUBSTR("QWERTYUIO",4,3)      &&结果为: RTY
?LEN("五★级")                 &&结果为: 6
?AT("987","78987")            &&结果为: 3
?VAL("123A")                  &&结果为: 123.00
?IIF(5<6,"YES","NO")          &&结果为: YES
```

【例2.9】写出下列每一行程序的含义，若有输出，写出输出结果。

```
CLEAR MEMORY                  &&清除所有的内存变量
DIMENSION A(5)                &&定义一个有 5 个元素的数组
A(1)=9                        &&将数组的第一个元素赋值为 9
A(3)=[ABC]                    &&将数组的第三个元素赋值为字符串[ABC]
A(5)={^2008-4-2}              &&为数组的第五个元素赋值为日期型数据
?A(1)                         &&显示第一个元素的值，为: 9
?A(3)                         &&显示第三个元素的值，为: ABC
?A(5)                         &&显示第五个元素的值，为: 04/02/08
?A(2)                         &&显示第二个元素的值，由于没有用赋值语句赋
                              &&过值，显示数组定义时系统赋的默认值: .F.

?TYPE("A(1)")                 &&显示第一个元素的类型，为: N
?TYPE("A(2)")                 &&显示第二个元素的类型，为: L
?TYPE("A(3)")                 &&显示第三个元素的类型，为: C
?TYPE("A(4)")                 &&显示第四个元素的类型，为: L
?TYPE("A(5)")                 &&显示第五个元素的类型，为: D
A(1)=.T.                      &&将第一个元素重新赋值为.T.
?TYPE("A(1)")                 &&显示第一个元素的类型，为: L
A(1)={^2008-4-2 21:20:30}     &&将第一个元素重新赋值为日期时间型数据
?TYPE("A(1)")                 &&显示第一个元素的类型，为: T
DISPLAY MEMORY
&&显示所有的内存变量的信息，显示结果: "已定义 1 个变量，占用了 10 个字节，
&&1023 个变量可用"。说明整个数组只算作一个内存变量。
```

四、上机实验

1. 写出下列函数的值。

① SIGN(2+5*2-6^2)   ② MONTH(DATE()-50)

③ STR(9 871.234 5, 12, 3)   ④ INT(ABS(100-90)/3)

⑤ ROUND(345.567,−1)
⑥ CHR(100)
⑦ LEN("三※")
⑧ DAY({^2008-3-4})
⑨ AT("2L","S/M/L/XL/2L/3L")
⑩ VAL("12A34")
⑪ SQRT(SQRT(9))
⑫ MOD(20,−6)
⑬ MOD(20,6)
⑭ MOD(−20,6)
⑮ MOD(−20,−6)
⑯ RIGHT("华东交通大学",4)
⑰ SUBSTR("华东交通大学",5,8)
⑱ UPPER([AbCd12E])
⑲ TYPE("CTOD('03/14/2004')")
⑳ SEC({^2008-3-4})

2. 写出下列语句的运行结果。

```
CLEAR
CLEAR MEMORY
DIMENSION X(7),Y(2,3)
X(1)="张三"
X(2)=[200701001]
X(3)= 23
X(4)=89
X(5)=78
X(6)=92
X(7)=X(4)+X(5)+X(6)
Y(3)=100
?X(1)+"学号为："+X(2)
?X(1)+"年龄为："+STR(X(3))
?X(1)+"总分为："+STR(X(7))
?Y(1,2),Y(1,3)
Y(2,2)=TYPE('X(2)')
?Y(2,2)
Y(5)=DATETIME()
?TYPE([Y(5)])
DISPLAY MEMORY
```

第二部分 习 题

一、选择题

1. 命令?LEN(SPACE(3)−SPACE(2))的结果是（   ）。
   A. 1   B. 2   C. 3   D. 5

2. 要想将日期型或日期型时间型数据的年份用 4 位数字显示，应使用命令（   ）。
   A. SET CENTURY ON   B. SET CENTURY OFF
   C. SET CENTURY TO 4   D. SET CENTURY OFF 4

3. 从内存中清除内存变量的命令是（   ）。
   A. RELEASE   B. DELETE   C. ERASE   D. DESTROY

4. 执行 A=6<5 后，命令?TYPE("A")的输出结果是（   ）。
   A. N   B. C   C. L   D. U

5. 在下面的 Visual FoxPro 表达式中,运算结果不为逻辑真的是（　　）。

    A. EMPTY(SPACE(0))
                            B. LIKE("xy*", "xyz")

    C. AT("xy", "abcxyz")
                            D. ISNULL(.NULL.)

6. 在 Visual FoxPro 中说明数组的命令是（　　）。

    A. DIMENSION 和 ARRAY
                    B. DECLARE 和 ARRAY

    C. DIMENSION 和 DECLARE
                D. 只有 DIMENSION

7. 有如下赋值语句，结果为"大家好"的表达式是（　　）。

```
a= "你好"
b= "大家"
```

    A. b+AT(a,1)
          B. b+RIGHT(a,1)
          C. b+ LEFT(a,3,4)
          D. b+RIGHT(a,2)

8. 在 Visual FoxPro 中，下面 4 个关于日期或日期时间的表达式中，错误的是（　　）。

    A. {^2002.09.01 11:10:10AM}–{^2001.09.01 11:10:10AM}

    B. {^2002.02.01} + {^2001.02.01}

    C. {^01/01/2002} +20

    D. {^2000/02/01} – {^2001/02/01}

9. 下列函数中函数值为字符型的是（　　）。

    A. DATE()
        B. YEAR()
        C. TIME()
        D. DATETIME()

10. 连续执行以下命令之后，最后一条命令的输出结果是（　　）。

```
SET EXACT OFF
X="A "
?IIF("A"=X,X-"BCD",X+"BCD")
```

    A. A
        B. BCD
        C. A BCD
        D. ABCD

11. 下面关于 Visual FoxPro 数组的叙述中，错误的是（　　）。

    A. 用 DIMENSION 和 DECLARE 都可以定义数组

    B. Visual FoxPro 只支持一维数组和二维数组

    C. 新定义数组的各个数组元素初值为.F.

    D. 一个数组中各个数组元素必须是同一种数据类型

12. 将 2008 年国庆节的日期送入内存变量 ND 的方法是（　　）。

    A. ND=DTOC("10/01/08")
                B. ND=CTOD("10/01/08")

    C. STORE DATE()TO ND
                  D. STORE 10/01/08 TO ND

13. 下面哪个是 Visual FoxPro 的合法的变量名？（　　）

    A. xy_1
        B. 2x
        C. Sin(x)
        D. y%

14. 以下常量正确的是（　　）。

    A. T
        B. F
        C. ".T."
        D. {"9/3/2005"}

15. 表示年龄在 12 与 46 之间的 Visual FoxPro 合法的表达式是（　　）。

    A. 年龄>=12 OR <=46
               B. 年龄>=12　AND <=46

    C. 年龄>=12 OR 年龄<=46
          D. 年龄>=12 AND 年龄<=46

16. 若 A="3*5"，B=3*5，C=[3*5]，则下列表达式合法的是（　　）。

    A. A+B
        B. C+A
        C. B+C
        D. A+B+C

17. 执行下列赋值语句后，表达式中错误的是（　　　）。

A= "123 "

B=2*4

C= " WWW"

   A．&A+B　　　　　　B．&B+C　　　　　　C．VAL(A)+B　　　　D．STR(B)+C

18. 下列数据为合法的数值型常量的是（　　　）。

   A．3.14E+5　　　　B．08/04/02　　　　C．" 100"　　　　　D．3.14+E5

19. 若 X=34.567，则命令?STR(X,2)-SUBSTR("34.567",5,1)的运行结果是（　　　）。

   A．346　　　　　　B．356　　　　　　C．357　　　　　　D．355

20. 下列字符串常量中不正确的是（　　　）。

   A．[ΛBC]　　　　　B．"'ABC'"　　　　　C．'ABC'　　　　　D．{ABC}

21. 若 D='99/12/20'，则表达式&D 的数据类型是（　　　）。

   A．字符型　　　　　B．数值型　　　　　C．日期型　　　　　D．不确定

22. 执行以下命令后显示的结果是（　　　）。

```
STORE 3+5<9 TO A
B= [.T.]<[.F.]
?A AND B
```

   A．.T.　　　　　　B．.F.　　　　　　C．A　　　　　　　D．B

23. 执行下列命令后，输出的结果是（　　　）。

```
X="1234"
Y="567"
?SUBSTR(X,IIF(X<>Y,LEN(Y),LEN(X)),LEN(X)-LEN(Y))
```

   A．1　　　　　　　B．2　　　　　　　C．3　　　　　　　D．4

24. 执行下列命令后，显示的结果是（　　　）。

```
A1="1+2+3"
A2="+"
?AT(A1,A2)
??AT(A2,A1)
```

   A．02　　　　　　　B．20　　　　　　　C．22　　　　　　　D．00

25. 可以参加 NOT、AND、OR 逻辑运算的数据有（　　　）。

   A．只能是逻辑型数据

   B．可以是数值型、字符型数据

   C．可以是逻辑型、字符型、日期型数据

   D．可以是逻辑型、字符型、日期型、逻辑型数据

26. 在数据表结构中，逻辑型、日期型、通用型字段的宽度分别固定为（　　　）。

   A．3，8，10　　　　B．1，8，4　　　　C．1，8，10　　　　D．1，8，任意

27. 下列表达式的值不是数值型的是（　　　）。

   A．?ROUND(345.67,-2)　B．?CHR(65)　　C．?AT([123],[2334])　D．?MONTH(DATE())

28. 下列表达式的值为数值型的是（　　　）。

   A．"123"-"23"　　　B．5+3=8　　　　C．DATE()-2　　　　D．LEN(SPACE(0))-1

29. 下列关于 Visual FoxPro 的数组，说法正确的是（　　　　）。
  A. 任何一个数组在使用之前必须先声明或定义
  B. 数值中各元素的数据类型必须一致
  C. 数组定义后，系统为每个元素赋初值 0
  D. 数组元素的下标从 0 开始

30. 清除所有以 X 开头的内存变量的命令是（　　　　）。
  A. RELEASE ALL X*   B. RELEASE X*
  C. ERASE X*   D. RELEASE ALL LIKE X*

二、填空题

1. 在 Visual FoxPro 中说明数组后，数组的每个元素在未赋值之前的默认值是_____。

2. 下列程序执行以后，内存变量 y 的值是_____。
```
X=34567
Y=0
Y=X%10+Y*10
X=INT(X/10)
```

3. 依次执行下列命令后的输出结果是_____。
```
SET DATE TO YMD
SET CENTURY ON
SET MARK TO "."
?CTOD("1949-05-01")
```

4. 用严格的日期格式表示日期常量"2004 年 10 月 24 日"，应改写为_____。

5. 表达式 "12" $ "A12aabcd" 的值是_____。

6. 将数值转换成字符串的函数是_____。

7. 在一条语句中同时定义数组 A(3) 和 B(4,5) 的语句是_____。

8. 数组的下标默认从_____开始。

9. 命令?TYPE("1+2")的显示结果是_____。

10. 命令?LEFT("123456789", LEN("数据库"))的执行结果是_____。

11. 随机产生[0,100]之间的随机整数的 Visual FoxPro 合法的表达式是_____。

12. 命令?ROUND(56.8992,2)的执行结果是_____。

13. 写出判断 y 为闰年的表达式_____。

14. 表达式 SUBSTR("Visual", 1, 1)+LOWER("ISIBLE")的值为_____。

15. 项目文件的扩展名是_____。

16. 将 E:\student 目录设置为默认目录的命令是_____。

17. Visual FoxPro 的工作方式分为两大类，分别是_____和_____。其中，_____又分为 3 种，分别是_____、_____和_____。

18. Visual FoxPro 6.0 共提供了 3 种辅助设计工具，分别是_____、_____和_____。其中_____功能最强大。

19. Visual FoxPro 6.0 命令中的范围子句共有 4 种格式，分别是_____、_____、_____和_____。

20. 当日期时间型数据中只包含一个日期或只包含一个时间值，缺省日期值时，系统自动加上_____；缺省时间值时，则自动加上_____。

三、下列符号中，哪些是 Visual FoxPro 6.0 的合法变量名？

1. X1.2　　　2. 1A　　　　3. Y2　　　　4. WET_SINX　　　5. P[T]　　　6. IF

7. IFX　　　　8. W000　　　9. _ABC　　　10. A−1　　　　11. .F.　　　12. ∏

四、将下列表达式写成 Visual FoxPro 合法的表达式。

1. $|2x+y|+x^2$

2. $\sqrt{p(p-a)(p-b)(p-c)}$

3. $\dfrac{-b-\sqrt{b^2-4ac}}{2a}$

4. $\ln(1+|x_2^2-1|)$

5. $\sin 30°+\cos 50°$

6. $e^3+|z^3-xy^2|$

五、根据条件写出 Visual FoxPro 6.0 的表达式

1. X 是偶数。

2. Y 是 3 或 5 的倍数。

3. X 落在闭区间[2,10]内。

4. 四舍五入保留变量 X 小数点后 3 位小数。

5. 随机产生[5,100]之间的随机整数。

6. 数值型变量 X 和 Y 的符号相反。

7. 字符串变量 S1 中含有"A+B"。

8. 得到一个上面有"重试"和"取消"两个按钮、带问号图标的消息对话框。

六、问答题

1. 试说出 Visual FoxPro 6.0 的字段和内存变量可分别定义成哪些数据类型？

2. Visual FoxPro 6.0 定义了哪些类型的运算符？在类型内部和不同类型之间，其运算的优先级如何规定？

3. 举例说明函数返回值的类型和函数对参数的类型的要求。

4. 试写出 Visual FoxPro 6.0 不同数据类型的缩写。

5. Visual FoxPro 6.0 的常量有哪些类型？对不同类型的常量分别举 1～2 个例子说明。

6. 试说明 Visual FoxPro 6.0 的几种工作方式。

7. Visual FoxPro 6.0 提供了几种辅助设计工具？如何选择辅助设计工具？

第**3**章

数据库和表的基本操作

第一部分 上机指导

实验一 表的基本操作

一、实验目的

1. 掌握自由表和数据库表的设计方法。
2. 掌握自由表结构的建立方法。
3. 掌握记录的录入与维护、表的打开、关闭等基本操作。

二、知识介绍

在 Visual FoxPro 系统中，一张二维表对应一个数据表，称为表文件（Table）。

定义数据表的结构，就是定义数据表的字段个数、字段名、字段类型、字段宽度及是否以该字段建立索引等。

字段名是用来标识字段的，它的命名规则和变量的命名规则相似，以字母或汉字开头，后面可以跟字母、汉字、数字以及下画线。不能在字段名称中使用 .、"、/、\、[、]、:、|、<、>、+、=、;、*、? 或空格。字段名的长度要小于等于 10。

字段宽度对于日期型、逻辑型是固定不变的，分别是 8、1。备注型和通用型宽度为 4。

1. 定义表的结构

定义数据库表文件结构有两种方式。

（1）命令方式

格式：CREATE [<表文件名>|?]

（2）菜单方式

方法：选择"文件"→"新建"命令，弹出"新建"对话框，选择"表"选项，单击"新建文件"按钮。弹出"创建"对话框，在其中进行各项设置即可。

2．打开表文件

格式：USE ［(表文件名)］［IN(工作区号)］［AGAIN］［ALIAS(别名)］

功能：打开一个指定的数据表文件。

3．关闭表文件

格式：USE　　　　　　　　　　　&关闭当前工作区中的数据表文件

或　　CLOSE　ALL　　　　　　　&关闭包括数据表在内的所有文件和窗口

或　　CLOSE　DATABASES　　　&关闭所有工作中的数据表文件

功能：关闭表文件。

4．显示表文件结构

格式：DISPLAY　STRUCTURE｜LIST　STRUCTURE ［ IN <工作区号>｜<数据表别名>］

功能：分屏或滚动显示结构信息。

5．修改表文件结构

格式：MODIFY　STRUCTURE

功能：修改表文件结构。

6．复制表文件结构

格式：COPY　STRUCTURE　TO (新数据表名) ［FIELDS (字段名表)］

功能：将当前打开的数据表文件的表结构复制到一个新文件中。

三、实验示例

【例 3.1】该实验教程，以一个简单的学生管理系统为例，详细介绍该系统的开发。学生管理系统中共有 3 个表：

学生基本情况表：Xsxx.dbf

学生成绩表：xscj.dbf

课程名表：kcm .dbf

表 3-1 是一个学生基本情况表，要建立这样的一张表首先就要建立表的结构。根据前面的数据，给表定义表结构，如表 3-2 所示。

表 3-1　学生基本情况表

学　号	姓　名	性　别	出生日期	籍　贯	团员否	照　片	备　注
20070220120101	张小妞	女	1987-10-18	江西	TRUE	……	……
20070220120102	欧阳长征	男	1988-5-6	湖南	TRUE	……	……
20070220120103	王小丽	女	1986-12-10	浙江	FALSE	……	……
20070220120104	孙小钢	男	1989-10-2	湖北	TRUE	……	……
20070220120201	赵蓉蓉	女	1988-2-5	广东	TRUE	……	……
20070220120202	李虎	男	1987-4-7	浙江	FALSE	……	……
20070220120203	周美丽	女	1985-3-23	广东	TRUE	……	……
20070220120204	胡小花	女	1987-9-6	浙江	TRUE	……	……

表 3-2　学生基本情况表表结构

字　段　名	代表的字段	字段名类型	宽　度	小　数　位
Xh	学号	字符型	14	
Xm	姓名	字符型	8	
Xb	性别	字符型	2	
Csrq	出生日期	日期型	8	
Jg	籍贯	字符型	8	
Tyf	团员否	逻辑型	1	
Zp	照片	通用型	4	
Bz	备注	备注型	4	

1. 创建表结构

① 选择"文件"→"新建"命令（或单击工具栏中的"新建"按钮），弹出"新建"对话框。

② 选择"新建"对话框中的"表"选项，单击"新建文件"按钮，弹出"创建"对话框。

③ 在"创建"对话框中，输入表的名称 Xsxx，并单击"保存"按钮。

④ 选择"表设计器"的"字段"选项卡，在"字段名"文本框中输入第一个字段的名称 Xh。

⑤ 在"类型"下拉列表框中选择某一字段类型，学号的类型为字符型。（注意字段默认的类型是字符型，如果要设定为其他类型，比如，"团员否"字段应定义为逻辑型，则要从类型下拉列表框中选择）。

⑥ 在"宽度"微调框中，设置以字符为单位的列宽，在这里设置为 14。如果"类型"是"数值型"或"浮点型"，要设置"小数位数"。

⑦ 发如果希望为字段添加索引，可在"索引"下拉列表框中选择一种排序方式。

如果想让字段接受 null 值，选中"NULL"复选框。

⑧ 输入各字段的数据，表结构建立完后，如图 3-1 所示，单击"确定"按钮，弹出图 3-2 所示的对话框，询问"现在输入数据记录吗？"。单击"是"按钮，将出现记录编辑窗口，此时，进入建表的第二步：输入表记录内容。

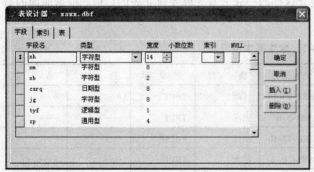

图 3-1　学生信息情况表结构

图 3-2　录入询问对话框

2．记录的录入

通过记录输入窗口逐个输入每条记录的字段值。当录入一条记录的最后一个字段值时，Visual FoxPro 会自动提供下一条记录的输入位置。输入所有记录的数据，并编辑记录的简历字段和照片字段，简历字段的内容如表 3-3 所示；照片字段的内容由读者自己录入。

表 3-3　简历字段的内容

学　　号	备　　注	学　　号	备　　注
20070220120101	2007 年荣获数学竞赛第一名	20070220120201	校优秀团干
20070220120102	热爱运动，喜欢游泳	20070220120202	学生会主席
20070220120103	曾荣获校十大青年歌手称号	20070220120203	荣获校舞蹈比赛二等奖
20070220120104	英语比赛第一名	20070220120204	已通过程序设计员考试

数据输入要点：

（1）逻辑型、日期型字段数据的编辑

逻辑型字段只能接受 T、Y、F、N 这 4 个字母之一（大小写不严格区分）。T 与 Y 同义，例如，输入 Y，屏幕显示 T；同样，F 与 N 同义，例如，输入 N，屏幕显示 F。

日期型数据必须与日期格式相符，系统默认按美国日期格式 mm/dd/yy 输入。在记录编辑窗口中，给日期型字段输入数据时，分隔符"/"由系统自动提供，只要输入"月日年"对应数字即可。如果用户设置了日期的显示格式，而输入日期数据与格式不符，系统会发出错误提示，需要重新输入。

（2）备注型字段数据的编辑

在记录输入窗口中，备注型字段初始显示"memo"标志，其值须通过一个专门的编辑窗口输入，具体的操作步骤如下：

① 将光标移到第一个记录的备注型字段的 memo 处，按【Ctrl+PgDn】组合键或用鼠标双击字段的 memo 标志，进入备注型字段编辑窗口，在该窗口中输入表中记录所对应的数据。

② 编辑完成后，按【Ctrl+W】组合键将数据存入相应的备注文件（扩展名为.fpt）之中，并返回到记录输入窗口。（若按【Ctrl+Q】组合键或【Esc】键，则放弃本次输入数据，并返回到记录输入窗口。）

注意：在备注型字段输入数据后，该字段的 memo 标志变成 Memo。由此，通过观察 memo 标志的第一个字母是大写还是小写，可以判断出该备注型字段是否已经输入了内容。

（3）通用型字段数据的编辑

通用型字段内容的显示与备注型字段类似，不同的是通用型字段在编辑窗口中的标识是 Gen 或 gen，其中该字段为空时为 gen，若在其中已经存入对象，则变为 Gen。给通用型字段输入数据的具体操作步骤如下：

① 将光标移到第一个记录的通用型字段的 gen 处，按【Ctrl+PgDn】组合键或用鼠标双击字段的 gen 标志，进入通用型字段编辑窗口。

② 选择"编辑"菜单中"插入对象"命令，弹出"插入对象"对话框。选择"由文件创建"命令，找到照片所对应的文件，单击"确定"按钮，照片就插入了，按【Ctrl+W】组合键将数据存入相应的备注文件之中，并返回到记录输入窗口。若按【Ctrl+Q】组合键或【Esc】键，则放弃本次的操作并返回到记录输入窗口。

所有记录输入完毕后，按【Ctrl+W】组合键存盘退出，返回到 Visual FoxPro 主窗口。

3．修改表结构

在数据处理过程中，用户会发现表结构在设计时可能不是那么准确，需要修改表结构。利用“表设计器”，可以改变已有表的结构，如增加或删除字段、设置字段的数据类型及宽度、查看表的内容以及设置索引来排序表的内容。

在 Visual FoxPro 系统环境下，通过“文件”→“打开”命令，打开一个已经存在的表。然后选择“显示”菜单下的“表设计器”命令，打开表设计器对话框，由于生成的是自由表，因此选项卡仅包括基本的字段名、类型和格式选项。

若要在表中增加字段，可按如下步骤操作：

在“表设计器”中单击“插入”按钮，在“字段名”文本框中，输入新的字段名，在“类型”下拉列表框中，选择字段的数据类型，在“宽度”微调框中，设置或输入字段宽度。

若要删除表中的字段，选择该字段，并单击“删除”按钮即可。

把所需修改的结构修改好之后，单击“确定”按钮，弹出图 3-3 所示对话框，单击“是”按钮，表结构就修改好了。

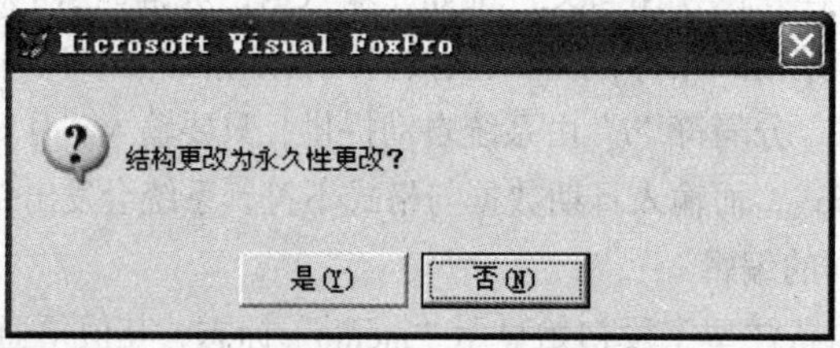
Microsoft Visual FoxPro
结构更改为永久性更改?
是(Y)
否(N)

图 3-3　修改表结构

4．数据的显示和修改

在实际操作中，也可以通过这两种方式来显示和修改表中记录。

（1）“浏览”窗口中的表

表以行和列的格式存储数据，类似于电子表格。每一行代表一个记录，每一列代表记录中的一个字段。查看表内容最快的方法是使用“浏览”窗口。“浏览”窗口中显示的内容是由一系列可以滚动的行和列组成的。

从“文件”菜单中选择“打开”命令，选择想要查看的表名。从“显示”菜单中选择“浏览”命令。结果如图 3-4 所示。

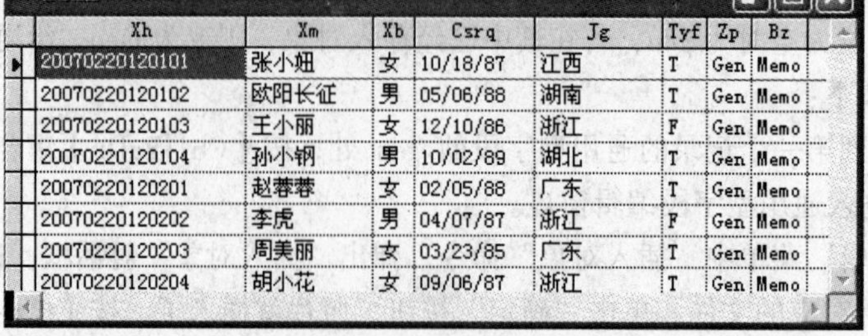
Xsxx
Xh Xm Xb Csrq Jg Tyf Zp Bz
20070220120101 张小妞 女 10/18/87 江西 T Gen Memo
20070220120102 欧阳长征 男 05/06/88 湖南 T Gen Memo
20070220120103 王小丽 女 12/10/86 浙江 F Gen Memo
20070220120104 孙小钢 男 10/02/89 湖北 T Gen Memo
20070220120201 赵蓉蓉 女 02/05/88 广东 T Gen Memo
20070220120202 李虎 男 04/07/87 浙江 F Gen Memo
20070220120203 周美丽 女 03/23/85 广东 T Gen Memo
20070220120204 胡小花 女 09/06/87 浙江 T Gen Memo

图 3-4　浏览窗口

（2）编辑窗口中的表

为方便输入，可以把"浏览"窗口设置为"编辑"方式，结果如图 3-5 所示。

在"编辑"方式下，列名显示在窗口的左边。若要将"浏览"窗口改为编辑方式，可以从"显示"菜单中选择"编辑"命令。

任何一种方式下，都可以滚动记录，查找指定的记录，以及直接修改表的内容。

使用滚动条可以来回移动表，显示表中不同的字段和记录。也可以用箭头键和【Tab】键进行移动。

（3）拆分"浏览"窗口

通过拆分"浏览"窗口，可以很方便地查看同一表中的两个不同区域，或者同时在"浏览"和"编辑"方式下查看同一记录。

打开表"Xsxx.dbf"，进入表"浏览"窗口。在表"浏览"窗口，将鼠标指针指向窗口左下角的拆分条（黑色的小竖条）。向右方拖动拆分条，将"浏览"窗口分成两个窗格，结果如图 3-6 所示。

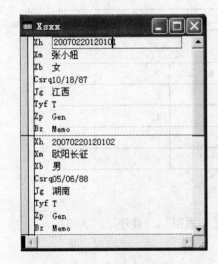

图 3-5   编辑方式

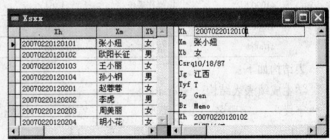

图 3-6   拆分"浏览"窗口

若要调整拆分窗格的大小，可以将指针指向拆分条。向左或向右拖动拆分条，改变窗格的相对大小。

也可以从"表"菜单中选择"调整分区大小"命令。按左箭头或右箭头键移动拆分条。按【Enter】键确定。

默认情况下，"浏览"窗口的两个窗格是相互链接的，即在一个窗格中选择了不同的记录，这种选择会反映到另一个窗格中。取消"表"菜单中"链接分区"的选中状态，可以中断两个窗格之间的联系，使它们的功能相对独立。这时，滚动某一个窗格时，不会影响到另一个窗格中的显示内容。

四、上机实验

1. 建立以下两个二维表。

xscj（学生成绩表）：xh（学号）、kch（课程号）、cj（成绩）

kcm（课程名表）：kch（课程号）、kcm（课程名）、xs（学时）、xf（学分）

表的内容如表 3-4，表 3-5 所示：

表 3-4　学生成绩表

学　　号	课程名	成　绩
20070220120101	410001	80
20070220120101	410002	78
20070220120101	410003	73
20070220120101	410004	56
20070220120102	410001	60
20070220120102	410002	65
20070220120102	410003	88
20070220120102	410004	86
20070220120201	410001	90
20070220120202	410001	85

表 3-5　课程名表

课　程　号	课　程　名	学　　时	学　　分
410001	计算机文化基础	24	2
410002	操作系统	64	4
410003	高等数学	56	3.5
410004	信息安全	40	3

表结构如下：

学生成绩表表结构：xscj.dbf

字段	字段名	类型	宽度	小数位	索引	排序	Nulls
1	xh	字符型	14				否
2	kch	字符型	6				否
3	cj	数值型	5	1			否
**	总计　**		26				

课程名表表结构：kcm.dbf

字段	字段名	类型	宽度	小数位	索引	排序	Nulls
1	kch	字符型	6				否
2	kcm	字符型	20				否
3	xs	数值型	3				否
4	xf	数值型	3	1			否
**	总计 **		33				

2. 建立 xscj.dbf 和 kcm.dbf 的表结构后，立即输入所有记录的数据。

3. 打开学生基本情况表 Xsxx.dbf，分别查看其结构与记录。

4. 打开学生基本情况表 Xsxx.dbf，利用菜单操作方式在该表的末尾添加一条新记录。

5. 打开学生基本情况表 Xsxx.dbf，以"浏览"方式和"编辑"方式查看和修改表中的记录。

实验二　表的常用操作

一、实验目的

1. 掌握对表记录的追加、删除等的基本操作。

2. 掌握表记录的显示方式。

3. 掌握表记录的定位。

4. 掌握表操作的常用命令。

二、知识介绍

1. 给表追加记录

格式：APPEND　[BLANK]

功能：在当前表的末尾添加一条记录。

2. 从其他表中添加记录

格式：APPEND　FROM　<文件名>[FIELDS<字段名表>][FOR<条件>]

功能：把其他表中的记录追加到当前表的末尾。注意源文件必须处于关闭状态。

3. 显示记录

格式：LIST|DISPLAY　[FIELDS<字段名表>][<范围>][FOR<条件>]

功能：显示当前工作区中打开的表记录。

4. 记录指针的定位

记录指针：打开表后，系统内部有一个虚拟的指针指向某一记录，这个指针就称为记录指针。记录定位是指移动记录指针指向某一记录。

（1）GO 命令

格式：GO　<记录号>[IN<工作区号>|IN<别名>]

或　　　GO　TOP|BOTTOM　[IN<工作区号>|IN<别名>]

功能：对记录指针进行定位。

（2）SKIP 命令

格式：SKIP　[<数值表达式>][IN<工作区号>|<别名>]

功能：以<数值表达式>为步长跳移记录指针。

5. 记录指针管理函数

```
BOF([<工作区号>|<别名>])              && 测试记录指针是否指向文件头
EOF([<工作区号>|<别名>])              && 测试记录指针是否指向文件末尾
RECCOUNT([<工作区号>|<别名>])          && 返回数据表文件的记录数
RECNO([<工作区号>|<别名>])            && 返回当前记录号
```

6. 筛选记录

筛选记录：将不需要的记录暂时"屏蔽"掉，即"过滤"掉。

格式：SET FILTER TO [<条件>]

功能：将不满足条件的记录"过滤"掉。省略<条件>表示取消"过滤"。

7. 字段的横向替换

字段的横向替换通常用于横向计算。

格式：REPLACE [<范围>]<字段1>WITH<表达式1> [,<字段2>WITH<表达式2>...] [FOR<条件>]

功能：修改表/数据表中的记录。

8. 插入记录

格式：INSERT [BEFORE][BLANK]

功能：在当前记录的前面或后面插入新记录。 [BLANK]表示插入一个空记录。

9. 删除记录

在 Visual FoxPro 表中删除记录分两步：先是为记录加上删除标记（即逻辑删除），然后作删除（即物理删除）。

（1）为记录加删除标记

格式：DELETE [<范围>][FOR<条件>]

功能：为指定记录加上删除标记。

（2）取消删除标记

格式：RECALL [<范围>][FOR<条件>]

功能：为指定记录加上取消删除标记。

（3）删除记录

格式：PACK

功能：对当前工作区中的数据表中已加删除标记作物理删除。

（4）物理删除数据表中所有记录

格式：ZAP

功能：物理删除整个数据表的所有记录。

10. 浏览记录

格式：BROWSE

功能：浏览/修改记录。

三、实验示例

【例 3.2】记录的定位

① 打开学生基本情况表，以浏览窗口方式显示表记录。在"表"菜单中选择"转到记录"命令，将弹出其子菜单项，如图 3-7 所示。

② 在子菜单中分别选择"第一个"、"最后一个"、"下一个"、"上一个"、"记录号"或"定位"选项，观察记录指针在浏览窗口中的移动。

把第 4 条记录作为当前记录：

打开表"Xsxx.dbf"，进入表"浏览"窗口。

在表"浏览"窗口，打开"表"菜单，选择"转到记录"子菜单，选择"记录号"选项，弹出"转到记录"对话框（见图 3-8）。指定记录指针到底放在哪条记录上。在"记录号"微调框中输入记录编号 4，或者视情况使用微调按钮直到要求的编号出现在"记录号"微调框中。单击"确定"按钮回到"浏览"窗口，这时，记录指针就放到了指定记录上。

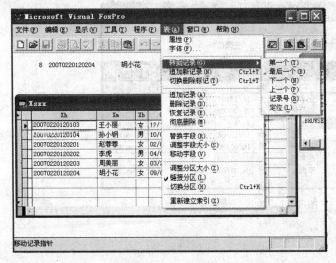

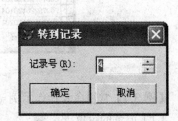

图 3-7 "表"菜单中"转到记录"命令　　　　　图 3-8 "转到记录"对话框

查找籍贯为浙江的同学的信息：

在表"浏览"窗口，打开"表"菜单，选择"转到记录"子菜单，选择了"定位"选项，则弹出如图 3-9 所示的"定位记录"对话框，在"作用范围"下拉列表框中选定要操作记录的范围。

在 For 或 While 文本框中输入条件表达式。单击 For 后面的按钮，出现表达式生成器如图 3-10 所示，在字段列表框中选择"jg"，在逻辑下拉列表框中选择"="，然后选择输入文本"浙江"，单击"确定"按钮，返回"定位记录"对话框，在 For 文本框中显示"Xsxx.jg="浙江""，然后单击"定位"按钮，则当前记录就为指定范围内且满足所给条件的第一个记录。

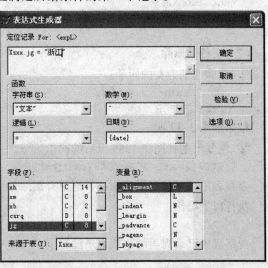

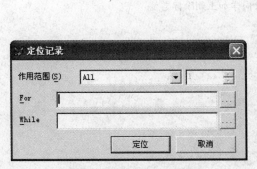

图 3-9 "定位记录"对话框　　　　　图 3-10 "表达式生成器"对话框

【例 3.3】记录的追加

在第 2 条记录后面添加一条记录，具体操作步骤如下：

先将记录指针定位到第 2 条记录，执行 insert blabk 命令添加一条空记录，然后使用 REPLACE 命令将空记录的内容进行替换，执行过程如图 3-11 所示。

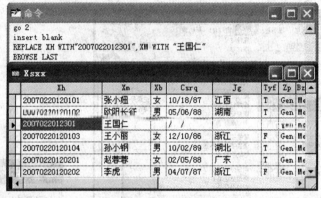

图 3-11 插入一条记录

【例 3.4】常用命令操作示例

（1）记录的定位

```
USE Xsxx
? RECNO()                    &&显示记录号
1                            &&屏幕显示: 1
? BOF()                      &&BOF()为文件起始函数
.F.                          &&屏幕显示: .F.
SKIP  1                      &&记录指针向文件头移动一个记录
? RECNO()                    &&显示记录号
1                            &&屏幕显示: 1
? BOF()
.T.                          &&屏幕显示: .T.
GO BOTTOM
? EOF()                      &&EOF()为文件结束函数
.F.                          &&屏幕显示: .F.
```

（2）文件的删除

① 删除性别为女的同学。

```
USE Xsxx                     &&打开表文件
DELETE FOR xb="女"           &&给女同学加上删除标志
```

结果如图 3-12 所示。

② 恢复出生日期在 1985 以后的同学。

```
RECALL ALL FOR YEAR(csrq)>1985
```

查看表中结果只有周美丽这条记录有删除标志了。

执行以下操作：

```
PACK
```

观察表中记录周美丽这条记录没有了。

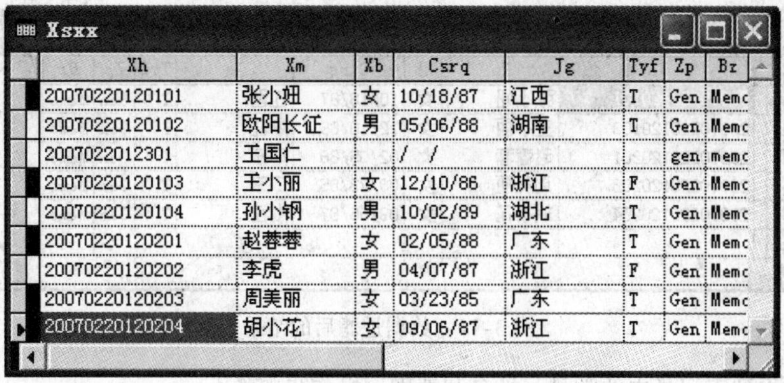

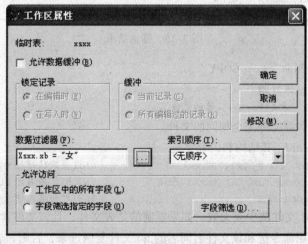

图 3-12　删除结果

【**例 3.5**】定制表

可以在表中设置一个过滤器来定制自己的表，有选择地显示某些记录。还可以通过设置字段过滤器，对表中的某些字段的访问进行限制，这样可以有选择地显示需要的字段。

（1）筛选表

如果只想查看某一类型的记录，可以通过设置过滤器对"浏览"窗口中显示的记录进行限制。例如只想看女同学的记录。

要设置一个过滤器，可从"表"菜单中选择"属性"命令，弹出"工作区属性"对话框，如图 3-13 所示。在"工作区属性"对话框中，直接在"数据过滤器"文本框内输入筛选表达式 Xsxx.xb="女"。（或者选择"数据过滤器"文本框后面的按钮，在弹出的"表达式生成器"对话框中创建一个表达式来选择要查看的记录）然后单击"确定"按钮。

图 3-13　数据过滤器

现在浏览表时，则只显示经筛选表达式筛选过的记录。结果如图 3-14 所示。

（2）限制对字段的访问

在表单中浏览或使用表时，若想只显示某些字段，可以设置字段筛选来限制对某些字段的访问。选出要显示的字段后，剩下的字段就不可访问了。

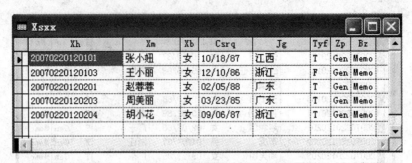

图 3–14　数据过滤后的结果

假如只想看列表记录中的学号、姓名和性别，操作步骤如下：

从"表"菜单中选择"属性"命令。在"工作区属性"对话框的"允许访问"选项组内，选中"字段筛选指定的字段"单选按钮，然后单击"字段筛选"按钮。在"字段选择器"对话框中，将所需字段学号、姓名、性别移入"选定字段"列表框，然后单击"确定"按钮。结果如图 3–15 所示。

Xh	Xm	Xb
20070220120101	张小妞	女
20070220120102	欧阳长征	男
20070220120103	王小丽	女
20070220120104	孙小钢	男
20070220120201	赵蓉蓉	女
20070220120202	李虎	男
20070220120203	周美丽	女
20070220120204	胡小花	女

图 3–15　筛选结果

【例 3.6】文件复制命令—— COPY

（1）任何文件的整体复制

```
COPY FILE <源文件> TO <目的文件名>
```

功能：产生一个和源文件完全相同的文件。

例：复制表 Xsxx.dbf，其结构和内容完全一样。

```
SET DEFAULT  TO e:\xly\Xsxx          &&设置默认路径为 e:\xly\Xsxx
COPY FILE Xsxx.dbf TO Xsxx1.dbf       &&复制扩展名为 dbf 的文件
USE Xsxx1.dbf                         &&打开新建文件
```

屏幕出现提示.fpt 文件缺少或无效。如果复制的是表文件，且该文件含有备注型字段，则在复制该文件时，还要用命令把和该文件名同名的.fpt 文件复制过来，否则，表文件打不开。

```
COPY FILE Xsxx.fpt TO Xsxx1.fpt       &&复制 fpt 文件
USE Xsxx1.dbf                         &&打开新建文件
```

如果已经建立索引文件，可以再次复制索引文件，如果选择忽略，文件直接被打开。

```
BROWSE LAST                           &&浏览表内容，和原表完全一样
MODIFY STRUCTURE                      &&浏览表结构，和原表完全一样
```

（2）表文件部分内容的复制

COPY TO <目标表文件名> [<范围>] [FIELDS<字段列表>][FOR<条件 1>] [WHILE<条件 2>]

源文件必须打开，目标文件的扩展名可省略。如果复制的文件包含备注型字段，系统会自动生成备注型文件，不必再复制。

例：

```
USE Xsxx                    &&打开表 Xsxx
COPY TO Xsxx2               &&把它复制成和原表完全一样的一个表 Xsxx2
USE Xsxx2                   &&打开表 Xsxx2
LIST                       &&显示内容和原表完全一样
COPY to Xsxx3 FIELDS xh, xm FOR xb="男"
```

&&把原表中男同学的学号，姓名复制至另一个表 Xsxx3

（3）复制表文件结构

COPY STRUCTURE TO <目标表文件名> [FIELDS<字段列表>]

功能：根据字段列表给定的字段把源表文件结构复制给目标表文件。

例：创建一个表结构，它包含原表中学号、姓名、性别 3 个字段。

```
USE Xsxx
COPY STRUCTURE TO Xsxx4 FIELDS Xh,Xm,Xb
USE Xsxx4
LIST STRUCTURE
```

表结构:	e:\xly\xsxx\xsxx4.dbf			
数据记录数:	0			
最近更新的时间:	11/03/07			
代码页:	936			
字段	字段名	类型	宽度	小数位
1	Xh	字符型	14	
2	Xm	字符型	8	
3	Xb	字符型	2	
** 总计 **			25	

（4）把表文件的结构复制成表文件

COPY STRUCTURE EXTENDED TO <目标表文件名>

功能：把表结构复制到一新表中。

说明：新表中共包含 16 个字段，其中常用的是前 4 个字段，其字段名和长度都是固定的。其字段名分别是 FIELD_NAME，FIELD_TYPE ，FIELD_LEN 和 FIELD_DEC，各字段的长度分别是 128，1，3，3。

新表的内容就是源表的结构，也就是把源表中每一个字段的字段名，类型，长度和小数点位数当作新表的一个记录。

例：把表 Xsxx 的结构复制成文件 Xsxx5

```
USE Xsxx
COPY STRUCTURE  EXTENDED TO Xsxx5
USE Xsxx5
```

```
LIST FIELDS FIELD_NAME,FIELD_TYPE ,FIELD_LEN, FIELD_DEC
&&显示表内容的前 4 个字段
```

记录号	FIELD_NAME	FIELD_TYPE	FIELD_LEN	FIELD_DEC
1	Xh	C	14	0
2	Xm	C	8	0
3	Xb	C	2	0
4	Csrq	D	8	0
5	Jg	C	8	0
6	Tyf	L	1	0
7	Zp	G	4	0
8	Bz	M	4	0

LIST STRUCTURE   &&显示新表的表结构

表结构：e:\xly\Xsxx\Xsxx5.dbf

数据记录数：9

最近更新的时间：11/03/07

备注文件块大小：64

代码页：936

字段	字段名	类型	宽度	小数位	索引	排序	Nulls
1	FIELD_NAME	字符型	128				否
2	FIELD_TYPE	字符型	1				否
3	FIELD_LEN	数值型	3				否
4	FIELD_DEC	数值型	3				否
5	FIELD_NULL	逻辑型	1				否
6	FIELD_NOCP	逻辑型	1				否
7	FIELD_DEFA	备注型	4				否
8	FIELD_RULE	备注型	4				否
9	FIELD_ERR	备注型	4				否
10	TABLE_RULE	备注型	4				否
11	TABLE_ERR	备注型	4				否
12	TABLE_NAME	字符型	128				否
13	INS_TRIG	备注型	4				否
14	UPD_TRIG	备注型	4				否
15	DEL_TRIG	备注型	4				否
16	TABLE_CMT	备注型	4				否

** 总计 **   302

```
APPEND BLANK              &&在表 Xsxx5 中新增一个新记录
REPL FIELD_NAME WITH "GKZF",FIELD_TYPE WITH "N",FIELD_LEN WITH 5,FIELD_DEC WITH 5
                         &&给新记录赋值
LIST                     &&在新表中多了一条 FIELD_NAME 为高考分数，FIELD_TYPE 为
                         &&数值型，N",FIELD_LEN WITH 为 5,FIELD_DEC 为 1 的记录
```

（5）建立表文件结构命令——CREATE FROM

通常用户都是通过 CREATE 命令用全屏幕编辑方式来建立一个表文件结构，而在上面的例子中可以看到，表结构可以生成一个表文件，每一个字段就是一个记录。因此可以通过增加记录的方式增加一个字段。然后通过 CREATE FROM 又把表文件重新生成为一个新表。

格式：CREATE <新建表文件名> FROM <源表文件名>

功能：建立表结构。

说明：

常和前面所介绍的第 4 条命令合用，不通过全屏幕编辑方式就可用于增加或删除字段。

例：

```
CREATE Xsxx6 FROM Xsxx5
USE Xsxx6
LIST                              &&无记录，是一个空表
LIST STRUCTURE                    &&显示表结构
```

表结构：e:\xly\Xsxx\Xsxx6.dbf

数据记录数：0

最近更新的时间：11/04/07

备注文件块大小：64

代码页：936

字段	字段名	类型	宽度	小数位	索引	排序	Nulls
1	Xh	字符型	14				否
2	Xm	字符型	8				否
3	Xb	字符型	2				否
4	Csrq	日期型	8				否
5	Jg	字符型	6				否
6	Tyf	逻辑型	1				否
7	Zp	通用型	4				否
8	Bz	备注型	4				否
** 总计 **			50				

四、上机实验

打开学生基本情况表 Xsxx.dbf，执行以下操作。

① 显示该表所有记录。

② 显示第 2 条记录。

③ 显示所有团员的记录。

④ 显示在 1987 年以后出生的记录。

⑤ 显示所有女生的记录。

⑥ 显示所有男团员的记录。

⑦ 显示第 1 个记录的简历字段的内容。

⑧ 显示前 5 条记录中所有女生的记录。

⑨ 将第 7 条记录同学改成团员。。

⑩ 在第 2 个记录之后插入一个空记录，并自行确定一些数据填入该空记录中。

⑪ 将第 3 个记录与第 5 个记录分别加上删除标记。

⑫ 撤销第 5 个记录上的删除标记并将第 3 个记录从表中真正删除。

⑬ 复制一个仅有员工学号、姓名、性别、职称等 4 个字段的表结构到 Xsxx1.dbf。

实验三　表记录的查询与统计

一、实验目的

1. 掌握索引的分类，索引与排序的区别。

2. 掌握索引与排序的创建方法。

3. 掌握记录的各种查找方式

二、知识介绍

1. 数据表文件记录的排序

格式：SORT TO <新表名>ON<字段名 1>[/A|/D][/C][,<字段名 2>[/A|/D][/C]…][<范围>][FOR<条件>][FIELDS<字段名表>]

功能：对当前工作区中的表文件进行排序，产生一个新的表。

2. 索引文件

（1）建立索引文件

格式：INDEX ON<索引表达式>TO<单索引文件名> [FOR<条件表达式>]

（2）索引文件的打开

打开数据表文件同时打开索引文件

格式：USE <数据表文件> INDEX <索引文件名表>

打开数据表文件之后再打开索引文件

格式：SET INDEX TO <索引文件名表>

（3）索引文件的关闭

当数据表文件关闭时，索引文件将自动关闭。

不关闭数据表时关闭索引文件

格式：SET INDEX TO

（4）建立表结构时建立结构复合索引

在建立表数据表结构时，每个字段的后面都有一名为"索引"的按钮。利用该按钮可以建立以指定字段为关键字的结构复合索引。

3. 统计记录个数

格式：COUNT [<范围>] [FOR<条件>] [TO<内存变量>]

功能：统计当前工作区打开的数据表中满足条件的记录个数。

4．纵向求和

格式：SUM [<表达式表>][<范围>][FOR<条件>][TO<内存变量名表>|TO ARRAY<数组名>]
功能：对当前工作区打开的数据表的数值型字段进行求和。

5．求字段平均值

格式：AVERAGE [<表达式表>][<范围>][FOR<条件>][TO<内存变量名表>|TO ARRAY<数组名>]
功能：对当前工作区打开的数据表的数值型字段求平均值。

6．分类汇总

格式：TOTAL TO <汇总数据表> ON<关键字表达式>[FIELDS<字段名表>] [<范围>] [FOR<条件>]
功能：对当前工作区打开的数据表按关键字段值进行分类汇总。

7．查询数据表文件

（1）顺序查找

格式：LOCATE [<范围>] [FOR<条件>]
　　　CONTINUE
功能：在当前工作区打开的数据表查找所有满足条件的记录。

（2）索引查找

① FIND 命令。

格式：FIND<字符串>|<数值>
功能：在打开的索引文件中查找索引关键字段值等于<字符串>或<数值>的第一条记录。

② SEEK 命令。

格式：SEEK<表达式>
功能：在索引文件中查找关键字段值等于<表达式>的值的第一条记录。

三、实验示例

【例 3.7】根据 Xsxx.dbf，以"性别"字段为关键字段进行排序，新的文件名为 Xsxx1.dbf。
操作步骤如下：
在命令窗口中执行如下命令：

```
SORT TO Xsxx1 ON xb
```

要查看结果，必须先打开排序生成的新表，才能显示排序后的结果，分别执行如下命令：

```
USE Xsxx1
LIST
```

按性别排序的结果如图 3-16 所示。

【例 3.8】打开 Xsxx.dbf，以"出生日期"字段为关键字段创建一索引。

```
USE e:\xly\xxsx\Xsxx.dbf EXCLUSIVE
INDEX ON csrq TO idx1
LIST
```

记录号	XH	XM	XB	CSRQ	JG	TYF	ZP	BZ
1	20070220120102	欧阳长征	男	05/06/88	湖南	.T.	Gen	Memo
2	20070220120104	孙小钢	男	10/02/89	湖北	.T.	Gen	Memo
3	20070220120202	李虎	男	04/07/87	浙江	.F.	Gen	Memo
4	20070220120101	张小妞	女	10/18/87	江西	.T.	Gen	Memo
5	20070220120103	王小丽	女	12/10/86	浙江	.F.	Gen	Memo
6	20070220120201	赵蓉蓉	女	02/05/88	广东	.T.	Gen	Memo
7	20070220120203	周美丽	女	03/23/85	广东	.T.	Gen	Memo
8	20070220120204	胡小花	女	09/06/87	浙江	.T.	Gen	Memo

图 3-16　排序的结果

结果如图 3-17 所示。注意观察索引后，记录的排列顺序，索引改变了表中记录的逻辑顺序。

记录号	XH	XM	XB	CSRQ	JG	TYF	ZP	BZ
7	20070220120203	周美丽	女	03/23/85	广东	.T.	Gen	Memo
3	20070220120103	王小丽	女	12/10/86	浙江	.F.	Gen	Memo
6	20070220120202	李虎	男	04/07/87	浙江	.F.	Gen	Memo
8	20070220120204	胡小花	女	09/06/87	浙江	.T.	Gen	Memo
1	20070220120101	张小妞	女	10/18/87	江西	.T.	Gen	Memo
5	20070220120201	赵蓉蓉	女	02/05/88	广东	.T.	Gen	Memo
2	20070220120102	欧阳长征	男	05/06/88	湖南	.T.	Gen	Memo
4	20070220120104	孙小钢	男	10/02/89	湖北	.T.	Gen	Memo

图 3-17　索引结果

【例 3.9】使用复杂表达式进行索引

Visual FoxPro 索引关键字表达式可以包括 Visual FoxPro 函数、常量或用户自定义函数。

创建的表达式对于独立（.idx）索引标识来说不能超过 100 个字符，对于 .cdx 索引标识来说不能超过 240 个字符。在一个标识中，通过把表达式的单个组件转换成字符类型，可以一起使用不同的数据类型。在索引标识中可以使用 Visual FoxPro 函数。例如，可以使用 STR( ) 把一个数值型值转换成字符串。

看以下示例：

```
INDEX ON xb+str(year(csrq)) TO idx2
LIST
```

观察结果，结果如图 3-18 所示。

记录号	XH	XM	XB	CSRQ	JG	TYF	ZP	BZ
6	20070220120202	李虎	男	04/07/87	浙江	.F.	Gen	Memo
2	20070220120102	欧阳长征	男	05/06/88	湖南	.T.	Gen	Memo
4	20070220120104	孙小钢	男	10/02/89	湖北	.T.	Gen	Memo
7	20070220120203	周美丽	女	03/23/85	广东	.T.	Gen	Memo
3	20070220120103	王小丽	女	12/10/86	浙江	.F.	Gen	Memo
1	20070220120101	张小妞	女	10/18/87	江西	.T.	Gen	Memo
8	20070220120204	胡小花	女	09/06/87	浙江	.T.	Gen	Memo
5	20070220120201	赵蓉蓉	女	02/05/88	广东	.T.	Gen	Memo

图 3-18　复杂索引结果

对同一个表建立了多个索引文件，那么只有最后建立的索引能自动打开。如果用户希望打开以前所建的索引，例如，要打开 idx1，应输入如下命令：

```
SET INDEX TO idx1
```

用 LIST 观察记录顺序是按日期顺序输出的。

要关闭索引文件，执行以下操作：

```
SET  INDEX  TO
```

用 LIST 观察记录顺序是按记录号大小输出的。

【例 3.10】设置结构索引

打开学生基本情况表 Xsxx.dbf，打开表设计器，选择字段 csrq，在索引项中设置为升序，选择"索引"选项卡，结果如图 3-19 所示，单击"确定"按钮，询问是否要真正改变其结构，单击"确定"按钮，结构索引就定义好了。

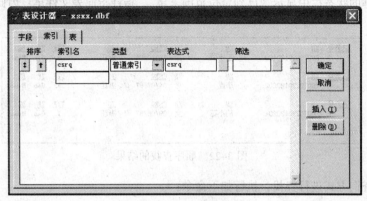

图 3-19　表设计器内容

如果想按出生日期的顺序看表的内容，操作步骤是：在浏览方式下，选择"表"菜单，选择"属性"命令，弹出"工作区属性"对话框，如图 3-20 所示。在"索引顺序"下拉列表框中，选择 Xsxx.Csrq 单击"确定"按钮，这时，再看表中记录，结果如图 3-21 所示，是按出生日期的顺序依次显示了。

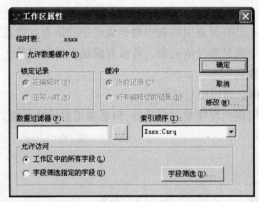

图 3-20　"工作区属性"对话框

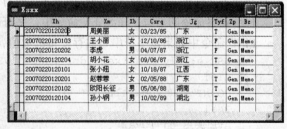

图 3-21　按索引排序的结果

如果想恢复原来输入时的顺序，只需再打开"工作区属性"对话框，在"索引顺序"下拉列表框中选择"无"选项。

【例 3.11】记录的查找

从学生情况表中查找籍贯为浙江的同学。

首先采用直接查询方式，执行如下命令：

```
LOCATE FOR jg="浙江"
DISPLAY
CONTINUE
DISPLAY
CONTINUE
DISPLAY
```

```
CONTINUE                    &&执行到此，没有记录显示，状态栏中显示"已到定位范围末尾"
?EOF()
```

观察图 3-22 的显示结果，执行 LOCATE 命令，记录指针指向第一个满足条件的记录，用 DISPLAY，可以看到结果，用 CONTINUE 命令继续查找下一条满足条件的记录。若没有满足条件的记录，主屏幕的状态栏中显示"已到定位范围末尾"。指针指向表文件尾，因此 EOF 函数结果为真。

记录号	XH	XM	XB	CSRQ	JG	TYF	ZP	BZ
3	20070220120103	王小丽	女	12/10/86	浙江	.F.	Gen	Memo

记录号	XH	XM	XB	CSRQ	JG	TYF	ZP	BZ
6	20070220120202	李虎	男	04/07/87	浙江	.F.	Gen	Memo

记录号	XH	XM	XB	CSRQ	JG	TYF	ZP	BZ
8	20070220120204	胡小花	女	09/06/87	浙江	.T.	Gen	Memo

T.

图 3-22　顺序查找的结果

再用索引查询方式进行查找，执行如下命令：

```
USE Xsxx
INDEX ON jg TO idx3
LIST
x="浙江"
SEEK x
DISPLAY
FIND &x
DISPLAY
```

观察图 3-23 的显示结果，SEEK 和 FIND 都可在已打开索引的表中根据关键字的值查找满足条件的第一个记录。若找到，记录指针会指向第一个满足条件的记录，若没有满足条件的记录，指针指向表文件尾，主屏幕的状态栏中显示"没有找到"。

仔细观察命令的书写，在 SEEK 命令中，字符串必须用引号括起来。

FIND 命令中如果该字符串是内存变量的数值，可用内存变量名来代替，但必须用宏代换函数。

```
USE e:\xly\xxsx\xscj.dbf EXCLUSIVE
LIST
COUNT FOR kch="410001" TO a1
? a1
AVERAGE cj TO a2
SUM cj TO a3
```

记录号	XH	XM	XB	CSRQ	JG	TYF	ZP	BZ
5	20070220120201	赵蓉蓉	女	02/05/88	广东	.T.	Gen	Memo
7	20070220120203	周美丽	女	03/23/85	广东	.T.	Gen	Memo
4	20070220120104	孙小钢	男	10/02/89	湖北	.T.	Gen	Memo
2	20070220120102	欧阳长征	男	05/06/88	湖南	.T.	Gen	Memo
1	20070220120101	张小妞	女	10/18/87	江西	.T.	Gen	Memo
3	20070220120103	王小丽	女	12/10/86	浙江	.F.	Gen	Memo
6	20070220120202	李虎	男	04/07/87	浙江	.F.	Gen	Memo
8	20070220120204	胡小花	女	09/06/87	浙江	.T.	Gen	Memo

记录号	XH	XM	XB	CSRQ	JG	TYF	ZP	BZ
3	20070220120103	王小丽	女	12/10/86	浙江	.F.	Gen	Memo

记录号	XH	XM	XB	CSRQ	JG	TYF	ZP	BZ
3	20070220120103	王小丽	女	12/10/86	浙江	.F.	Gen	Memo

图 3-23　索引查找的结果

观察图 3-24 的显示结果，COUNT 用于计算当前表文件中满足指定条件的记录个数，AVERAGE 用于计算当前表文件中满足指定条件的数值型字段的平均值，SUM 用于对当前表文件中满足指定条件的数值型字段求和。

```
记录号    XH                KCH        CJ
   1    20070220120101    410001    80.0
   2    20070220120101    410002    78.0
   3    20070220120101    410003    73.0
   4    20070220120101    410004    56.0
   5    20070220120102    410001    60.0
   6    20070220120102    410002    65.0
   7    20070220120102    410003    88.0
   8    20070220120102    410004    86.0
   9    20070220120201    410001    90.0
  10    20070220120202    410001    85.0

            4
           cj
        76.10
           cj
       761.00
```

图 3-24　统计结果

四、实验内容

1. 打开学生成绩表：

① 求学生成绩表中所有成绩的总和。

② 求学生成绩表中所有成绩的平均值。

③ 求学生成绩表中课程号为 410 001 所有成绩的总和和平均值。

④ 统计团员的总人数

2. 用命令方式创建单索引文件，以学生信息表中籍贯字段为关键字段建立一普通索引。

3. 以学生信息表中出生日期创建一个单索引文件"出生日期.idx"。

4. 分别用直接查询与索引查询两种方式，查询出姓王的同学的信息。

第二部分　习　　　题

一、选择题

1. 满足条件：职称为工程师、政治面貌为党员的男同志的逻辑表达式是（　　　）。

   A. 职称="工程师".And. 政治面貌="党员" .Or. 性别="男"

   B. 职称="工程师".And. 政治面貌="党员" .And. 性别="男"

   C. 职称="工程师".Or. 政治面貌="党员" .Or. 性别="男"

   D. 职称="工程师".Or. 政治面貌="党员" .And. 性别="男"

2. 求一个数据库文件的数值型字段具有 5 位小数，那么该字段的宽度最少应当定义成（　　　）。

   A. 8　　　　　　　　B. 7　　　　　　　　C. 6　　　　　　　　D. 5

3. 工资数据库文件按基本工资字段升序索引后，再执行 GO TOP 命令，此时当前记录号是（   ）。

    A. 1   B. 基本工资最少的记录号

    C. 0   D. 基本工资最多的记录号

4. 前数据库文件有 20 条记录，当前记录号是 10。执行命令 LIST REST 以后，当前记录号是（   ）。

    A. 10   B. 20   C. 21   D.1

5. 学生成绩数据库文件按总分/N/6.2 降序、姓名/C/8 升序索引。应当使用命令（   ）。

    A. INDEX TO abc ON 总分，姓名

    B. INDEX TO abc ON – 总分，姓名

    C. INDEX TO abc ON STR(– 总分，5,1) + 姓名

    D. INDEX TO abc ON STR(1000 – 总分) + 姓名

6. 把当前数据库文件中"性别"字段的值全部清除，但仍保留该字段，应当使用命令（   ）。

    A. MODIFY STRUCTURE   B. DELETE

    C. REPLACE   D. ZAP

7. 统计女生人数并将结果存放于变量 X 中的命令是（   ）。

    A. COUNT FOR .NOT. 性别="男" TO x

    B. COUNT FOR (性别="女")=.T. TO x

    C. SUM FOR (性别<>"男")=.T. TO x

    D.SUM FOR 性别="女" TO x

8. 在已打开的表中，要永久删除当前记录位置开始的 10 条记录，可用（   ）。

    A. 先执行 DELETE NEXT 10 命令，后用 PACK 命令

    B. 先执行 DELETE RECORD 10 命令，后用 PACK 命令

    C. 先执行 DELETE FOR RECORD> 10 命令，后用 PACK 命令

    D. ZAP NEXT 10

9. 按数值型字段"总分"进行索引，使其按降序排列的命令是（   ）。

    A. INDEX ON –总分 TO ZF   B. INDEX ON 总分/A TO ZF

    C. INDEX ON 总分 TO ZF   D. INDEX ON 总分/D TO ZF

10. 下列操作后，不改变表记录指针的命令是（   ）。

    A. RECALL   B. LIST   C. SUM   D. REPLACE ALL

11. 某表文件中有日期型字段"出生日期"，设 n='01/01/80'，下列命令正确的是（   ）。

    A. LOCATE FOR 出生日期='01/01/80'

    B. LOCATE FOR 出生日期=&n

    C. LOCATE FOR DTOC(出生日期)=n

    D. LOCATE FOR DTOC(出生日期)=CTOD(n)

12. 程序中"LOCATE FOR 姓名=xm"如该用 FIND 命令，应为（   ）。

    A. FIND xm   B. FIND &xm

    C. FIND 姓名=xm   D. 无法使用 FIND 命令

13. 若使用 REPLACE 命令时，其范围子句为 ALL 或 REST，则执行该命令后，记录指针指向（   ）。

    A. 首记录   B. 末记录   C. 首记录的前面   D. 末记录的后面

14. 若要恢复用 DELETE 命令删除的若干记录，应该（　　　　）。

    A. 用 RECALL 命令　　　　　　　　　　B. 立即按【ESC】键

    C. 用 RELEASE 命令　　　　　　　　　　D. 用 FOUND 命令

15. 在 Visual FoxPro 中，可以使用 FOUND( ) 函数来检测查询是否成功的命令包括（　　　　）。

    A. LIST、FIND、SEEK　　　　　　　　　B. FIND、SEEK、LOCATE

    C. FIND、DISPLAY、SEEK　　　　　　　D. LIST、SEEK、LOCATE

16. 在下面 FoxBASE 命令中，不能修改数据记录的命令是（　　　　）。

    A. BROWSE　　　　　B. EDIT　　　　　C. CHANGE　　　　　D. MODIFY

设记录某班每个学生期末考试成绩的数据表结构为：

字段名	类型	宽度	小数
姓名	C	8	
数学	N	5	1
物理	N	5	1
化学	N	5	1
总分	N	5	1

求各门课的全班平均分数的命令是 _____17_____ ，求每个学生各门课的总分并写入"总分"字段的命令是 _____18_____ ，将总分少于 180 分的学生姓名和总分两项数据抄入到另外新建的名为 ST 的数据表中的命令是 _____19_____ 。

17. A. SUM　ALL　　　　　　　　　　　B. AVERAGE　ALL

    C. TOTAL　　　　　　　　　　　　　　D. COUNT　ALL

18. A. AVERAGE　ALL

    B. SUM　数学+物理+化学

    C. REPLACE　总分　WITH "数学+物理+化学"

    D. REPLACE　ALL　总分　WITH　数学+物理+化学

19. A. COPY　TO　ST　FOR　总分 < st

    B. COPY　TO　st

    C. COPY　ALL　FOR　总分 < 180　TO　st

    D. COPY　ALL　FOR 总分 < 180 TO st　FIELDS　姓名，总分

20. 对于刚打开的一个表，记录指针的位置是（　　　　）。

    A. 0　　　　　　　　B. 2　　　　　　　C. 1　　　　　　　D. 跟记录条数有关

21. 下面说法错误的是（　　　　）。

    A. LOCATE 是顺序查询命令

    B. 对于一个没有建立索引的表，可以使用 LOCATE 来查询

    C. FIND 和 SEEK 命令都是索引查询命令

    D. 对于一个没有建立索引的表，可以使用 FIND 命令来查询

22. 下面说法正确的是（　　　　）。

    A. 若要使用 INPUT 命令输入学生的中文名字，直接输入学生的名字后按【Enter】键就可以

    B. 使用 INPUT 命令输入一串数字，得到的是一个数字字符串

C. 使用 ACCEPT 命令输入一串数字，得到的是一个数值型数据

D. 使用 WAIT 命令每次只能输入一个字符

23. 通用型和备注型字段的长度相同，都为（　　　）。

A. 8　　　　　　　　　B. 3　　　　　　　　　C. 4　　　　　　　　　D. 由用户定义

24. 在 Visual FoxPro 环境下，若已打开.dbf 表文件，统计该表中的记录数，使用的命令是（　　　）。

A. TOTAL　　　　　　B. COUNT　　　　　　C. SUM　　　　　　　D. AVERAGE

25. 顺序执行下列命令后，最后一条命令显示结果是（　　　）。

```
USE chj
GO 5
SKIP -2
?RECNO()
```

A. 3　　　　　　　　　B. 4　　　　　　　　　C. 5　　　　　　　　　D. 7

二、填空题

1. 程序文件的扩展名为_____。

2. 项目是一个包含广泛的概念，简单地说，项目是指_____。

3. 在表的基本操作的命令中，往往要用到指定范围的子句，用来指定范围的子句除了"ALL"之外，还有_____、"RECORD"和"REST"。

4. Visual FoxPro 提供了 4 种不同的索引，分别是_____、候选索引、普通索引和唯一索引。

5. 插入记录的命令是 INSERT，删除记录的命令是_____。

6. 表中相对移动记录指针的命令为_____。

7. 在 Visual FoxPro 6.0 中，表有两种类型，即_____和自由表。

8. 删除记录需要分两步，第一步是_____，第二步是物理删除。

9. 在 Visual FoxPro 中，存储图像的字段类型应该是_____。

10. 在 Visual FoxPro 中，通用型字段 G 和备注型字段 M 在表中的宽度都是_____字节。

第 4 章

数据库和表的高级应用

第一部分 上机指导

一、实验目的

1. 掌握数据库中表的管理
2. 掌握表的属性设置
3. 掌握表间关系的建立
4. 掌握多表操作
5. 掌握数据工作期的使用

二、知识介绍

1. 向数据库添加数据表

向数据库添加表有两种方法：菜单方式和命令方式。

（1）菜单方式

在"项目管理器"中，从"数据"选项卡中选择数据库，从"数据库"菜单中选择"添加表"命令或单击"数据库设计器"工具栏上的"添加表"按钮，在"打开"对话框中选定要添加的表，然后单击"确定"按钮。

（2）命令方式

格式：ADD TABLE <数据表名>

功能：向已打开的数据库中添加数据表。

2. 从数据库中移去表

从数据库中移去一个表也可以采用菜单方式和命令方式：

（1）菜单方式

在"项目管理器"中，从"数据"选项卡中选择表所在数据库，单击"修改"按钮，打开"数据库设计器"，从"数据库设计器"菜单中单击要移去的表，执行系统菜单中的"数据库"

下的"移去"命令，或单击"数据库设计器"工具栏上的"移去表"按钮，出现"把表从数据库中移去还是从磁盘上删除"的对话框。这里单击"移去"按钮，最后单击"确定"按钮。这时表就从数据库中移去了。如果单击"删除"按钮，则从当前数据库中移去表的同时，还将其从磁盘上删除了。

（2）命令方式

格式：REMOVE TABLE <数据表名>

功能：从已打开的数据库中移去数据表。

3. 打开多个数据库

（1）在"项目管理器"中，选定一个数据库，然后单击"修改"按钮或"打开"按钮

（2）使用 OPEN DATABASE 命令

打开新的数据库并不关闭其他已经打开的数据库，这些已打开的数据库仍然保持打开状态，而新打开的数据库成为当前数据库。

4. 设置当前数据库

（1）在"常用"工具栏中，从"数据库"下拉列表框中选择一个数据库

（2）使用 SET DATABASE 命令

5. 关闭数据库

可以使用"项目管理器"或 CLOSE DATABASE 命令关闭一个已打开的数据库。

（1）从"项目管理器"中，选定要关闭的数据库并单击"关闭"按钮

（2）使用 CLOSE DATABASE 命令

6. 设置表属性

将表添加到数据库后，便可以获得许多在自由表中得不到的属性。

设置数据库表的属性，包括以下几项：

（1）设置字段标题

（2）为字段输入注释

（3）控制字段数据输入

（4）控制记录的数据输入

7. 建立表间的关系

两表间关系可分为"一对一"关系和"一对多"关系。

在具有关联关系的父子表之间编辑修改记录时可能出现以下问题：

① 如果在父表中删除了一条记录，则当子表中有相关的记录时，这些记录就成了孤立的记录。

② 当在父表中修改了索引关键字的值，那么还需要修改子表中相应记录的关键字值，否则就会产生错误。反过来也一样。

③ 在子表中增加记录时，如果所增加记录的关键字值是父表中没有的，则增加在子表中的记录也成了孤立的记录。

出现以上的任何一种情况，都会破坏关系表的完整性。在 Visual FoxPro 中通过建立参照完

整性，系统可以自动完成这些工作，防止这些问题的出现。参照完整性生成器的打开见教程，其中有"选择更新"、"删除"和"插入"3 个选项卡，设置进行相应操作所遵循的若干规则。每个选项卡有 2～3 个选项，有级联、限制、忽略。

① 级联：不论何时更改父表中的某个字段，Visual FoxPro 都会自动更改所有相关子表记录中的对应值。

② 限制：禁止更改父表中的主关键字段或候选关键字段中的值，这样在子表中就不会出现孤立的记录。

③ 忽略：即使在子表中有相关的记录，仍允许更新父表中的记录。

设置了参照完整性就可利用两表的关系参照制约来控制两表数据的完整性和一致性。

8. 使用多个表

（1）在工作区中打开表

可以使用"数据工作期"窗口或使用 USE 命令在工作区中打开表。

① 使用"数据工作期"

在"数据工作期"窗口中，单击"打开"按钮，在数据库中选择表。

② 命令方式

格式：USE <表名> IN <工作区号>

（2）在工作区中关闭表

若要在工作区中关闭表，可在"数据工作期"窗口中选定要关闭的表别名，然后单击"关闭"按钮。或者使用 USE 命令的 IN 子句，指出想要关闭的表所在的工作区。

9. 设置表间的临时关系

（1）设置临时关联

用 SET RELATION 命令。

格式：SET RELATION TO [<关联表达式 1>] INTO <工作区>/<别名>[,<关联表达式 2> INTO <工作区>/<别名>…][IN <工作区>/<别名>][ADDITIVE]

功能在两个表之间建立关联。

（2）解除关联

格式 1：SET RELATION TO

功能：删除当前工作区表与其他工作区表建立的关联。

格式 2：SET RELATION OFF INTO <工作区号>/<别名>

功能删除当前工作区与由<工作区号>/<别名>指定的工作区中表建立的关联。该命令必须在父表所在的工作区执行。

三、实验示例

【例 4.1】对数据库学生信息.dbc 中的表 xsxx.dbf 按如下要求设置：设置 xh 字段标题为"学号"。设置 xb 字段有效性规则为：xb= ="男".OR. 性别= ="女"。出错提示信息为"输入错误，性别只能为男或女"，默认值为"男"。设置触发器：要求每逢星期一才可做插入、更新记录的操作。

操作步骤如下：

① 打开数据库表 xsxx.dbf，进入表设计器，选择"字段"选项卡，单击"xh"字段，在"显示"选项组的"标题"文本框中输入"学号"。

② 在表设计器的"字段有效性"选项组的"规则"文本框中输入：xb= ="男".OR. xb= ="女"，在"信息"文本框中输入"输入错误，性别只能为男或女"，在"默认值"文本框中输入"男"，如图 4-1 所示。

选择表设计器的"表"选项卡，在"触发器"选项组内的"插入触发器"文本框内输入 COTW (DATE())="MONDAY"，同理，在"更新触发器"文本框中输入相同内容，如图 4-2 所示。

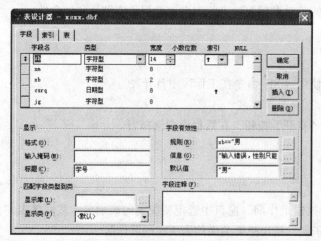

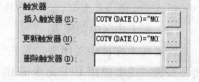

图 4-1　表字段属性设置　　　　　　　　　　图 4-2　触发器设置

经过上述对字段的显示属性、字段规则和触发器的设置，试改变相关的数据来验证这些规则的作用。

【例 4.2】在数据库学生信息.dbc 中，分别设置表 xsxx.dbf 和表 xscj.dbf 的一对多关系。

首先建立字段的相关索引，如已有则不必再重新建立。

根据 xh 字段给两表建立关系的步骤如下：

① 设置 xsxx 表的 xh 字段为主索引，xscj 表的 xh 字段为普通索引。

② 打开"学生信息.dbc"的数据库设计器，将表 xsxx 表的主索引 xh 拖动到 xscj 表的 xh 索引字段上，这样就建立了一条一对多的关系连线。

数据库的表间永久关系建立后如图 4-3 所示。

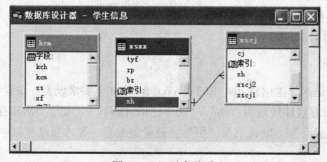

图 4-3　一对多关系

③ 在数据库"学生信息.dbc"中，设置父表 xsxx 和子表 xscj 的参照完整性规则：删除规则为"级联"，即当父表删除记录时，要求子表中相应记录也要删除；更新规则和插入规则都设置为"限制"。

打开"参照完整性生成器"对话框，在"数据库设计器"窗口中，双击表 xsxx 和 xscj 之间的连线，打开"编辑关系"对话框，单击"参照完整性"按钮，打开"参照完整性生成器"对话框（系统可能要求先清理数据库，然后才能设置参照完整性。在系统菜单的"数据库"中执行"清理数据库"命令即可）。

设置更新、删除和插入规则：选择"更新规则"选项卡，选择两表所在关系行，然后在"更新"下拉列表框选择"限制"选项，在"删除"下拉列表框选择"级联"选项，在"插入"下拉列表框选择"限制"选项。最后单击"确定"按钮，保存设置并生成参照完整性代码，退出"参照完整性生成器"。

上述参照完整性设置后，对父表 xsxx 的第一条记录作删除标记，观察子表 xscj 的记录的变化。

【例 4.3】在 xsxx.dbf 和 xscj.dbf 两表中，列出每个学生每门课的成绩。

```
SELECT 1
USE xsxx
SELECT 2
USE xscj
INDEX ON xh TAG xscj1                && 为子表按关联的关键字段建立索引
SELECT 1
SET RELATION TO xh INTO xscj         && 建立一对多关系的关联
SET SKIP TO xscj
LIST FIELDS xh,xm,xscj.kch,xscj.cj
```

四、上机实验

1. 创建"学生信息.dbc"数据库，并且在数据库中添加表：xsxx.dbf、xscj.dbf 和 kcm.dbf。

2. 在 xsxx.dbf、xscj.dbf 和 kcm.dbf 这 3 个表中，设置表间的关系，列出"计算机文化基础"课程的选修人的名字。

3. 为"学生信息"数据库中 xsxx.dbf 表设置新的字段名，把"xh"改为"学号"，"xm"改为"姓名"。

4. 为 xsxx.dbf 表"xb"字段设置默认值为"男"。

5. 为"学生信息.dbc"数据库中 xsxx.dbf 表设置记录有效性规则并使用触发器，完成以下设置：

① 输入的出生日期如果不满足条件"小于等于 1989 年 1 月 1 日"这一规则时，将显示出错信息"为 1989 年 1 月 1 日前出生"。

② 当"tyf"字段值为.T.时，可更新记录。

第二部分　习　题

一、选择题

1. 要控制两个表中的数据的完整性和一致性，可以设置"参照完整性"。参照完整性要求这两个表示（　　）。

    A. 不同数据库中的两个表   B. 同一数据库中的两个表

    C. 一个数据库表和一个自由表   D. 两个自由表

2. 建立参照完整性的前提是（　　　　）。

    A. 先建立表之间的关系　　　　　　　　　B. 系统存在两个自由表

    C. 系统存在两个数据表　　　　　　　　　D. 有一个表

3. 数据库系统与文件系统的主要区别是（　　　　）。

    A. 文件系统简单，数据库系统复杂

    B. 文件系统只能管理少量数据，数据库系统可以管理大量数据

    C. 文件系统不能解决数据冗余和数据独立性问题，而数据库系统可以解决这些问题

    D. 文件系统只能管理程序文件，数据库系统可以管理各种类型的文件

4. 数据库系统的核心是（　　　　）。

    A. 数据库管理系统　　　　B. 数据库　　　　C. 数据库系统　　　　D. 文件系统

5. 关于工作区和表的正确描述是（　　　　）。

    A. 一个工作区只能打开一个表，一个表可以在多个工作区打开

    B. 一个工作区只能打开一个表，一个表只能在一个工作区打开

    C. 一个工作区可以打开多个表，一个表可以在多个工作区打开

    D. 一个工作区可以打开多个表，一个表只能在一个工作区打开

6. 参照完整性与表之间的（　　　　）有关。

    A. 联系　　　　　　　　B. 元组　　　　　　　　C. 连接　　　　　　　　D. 属性

7. Visual FoxPro 能支持的工作区数为（　　　　）。

    A. 1 024　　　　　　　　B. 32 767　　　　　　C. 255　　　　　　　　D. 180

8. Visual FoxPro 中的参照完整性规则包括（　　　　）。

    A. 更新规则　　　　　　　B. 删除规则　　　　　　C. 插入规则　　　　　　D. 以上答案均正确

9. 在 Visual FoxPro 的"数据工作期"窗口中，使用 SET RELATION 命令可以建立两个表之间的关联，这种关联是（　　　　）。

    A. 任意关联　　　　　　　B. 永久性关联　　　C. 根据情况而定　　　D. 临时性关联

10. 在 Visual FoxPro 中设置参照完整性时，要设置成：当更改父表中的主关键字段或候选关键字段时，自动更改所有相关子表记录中的对应值，应选择（　　　　）。

    A. 忽略　　　　　　　　B. 级联　　　　　　　C. 限制　　　　　　　D. 忽略或限制

11. 永久关系是数据库表之间的关系，在数据库设计器表现为表索引之间的（　　　　）。

    A. 关系　　　　　　　　B. 连接　　　　　　　C. 映射　　　　　　　D. 连线

12. 两表之间的"临时性"联系成为关联，在两个表之间的关联已经建立的情况下，有关"关联"的叙述，正确的是（　　　　）。

    A. 建立关联的两个表一定在同一个数据库中

    B. 两表之间"临时性"联系是建立在两表之间"永久性"联系基础上的

    C. 当父表记录指针移动时，子表记录指针不会跟随移动

    D. 当关闭父表时，子表自动被关闭

13. 数据库中添加表的操作时，下列叙述中不正确的是（　　　　）。

    A. 可以将一个自由表添加到数据库中

    B. 可以将一个数据库表直接添加到另一个数据库中

    C. 可以在项目管理器中将自由表拖放到数据库中

    D. 欲使一个数据库表成为另一个数据库的表，则必须先使其成为自由表

14. 在 Visual FoxPro 中，可以对字段设置默认值的表示（   ）。

    A. 必须是数据库表   B. 必须是自由表

    C. 是自由表或数据库表   D. 不能设置字段的默认值

15. 设在当前工作区中已打开一个数据库表。下列命令中，不能将该数据库表关闭的命令是
（   ）。

    A. CLOSE ALL   B. CLOSE DATABASE ALL

    C. USE IN 0   D. CLOSE TABLES

16. 在数据库设计器中。建立两表之间的一对多联系是通过（   ）实现的。

    A. "一方"表的主索引或候选索引，"多方"表的普通索引

    B. "一方"表的主索引，"多方"表的普通索引或候选索引

    C. "一方"表的普通索引，"多方"表的主索引或候选索引

    D. "一方"表的普通索引，"多方"表的候选索引或普通索引

17. 命令 SELECT 0 的功能是（   ）。

    A. 选择区号最小的空闲工作区   B. 选择区号最大的空闲工作区

    C. 选择当前工作区的区号加 1 的工作区   D. 随机选择一个工作区的区号

18. 用 JOIN 命令对两个数据表进行物理连接时，对它们的要求是（   ）。

    A. 两数据表都不能打开   B. 两数据表必须打开

    C. 一个表打开，一个表关闭   D. 两数据表必须结构相同

19. Visual FoxPro 中的 SET RELATION 关联操作是一种（   ）。

    A. 逻辑连接   B. 物理连接   C. 逻辑排序   D. 物理排序

20. 建立两个数据表关联，要求（   ）。

    A. 两个数据表都必须排序   B. 关联的数据表必须排序

    C. 两个数据表都必须索引   D. 被关联的数据表必须索引

21. 下列叙述正确的是（   ）。

    A. 一个数据表被更新时，它所有的索引文件会被自动更新

    B. 一个数据表被更新时，它所有的索引文件不会被自动更新

    C. 一个数据表被更新时，处于打开状态下的索引文件会被自动更新

    D. 当两个数据表用 SET RELATION TO 命令建立关联后，调节任何一个数据表的指针时，
        另一个数据表的指针将会同步移动

22. 在 Visual FoxPro 中，下列概念正确的是（   ）。

    A. UPDATE 命令中的两个表必须按相同关键字建索引

    B. 一个表文件可以在不同的工作区中同时打开

    C. 在同一个工作区中，某一时刻只能有一个表文件处于打开状态

    D. JOIN 命令生成的表文件可以与被连接的表文件在一个工作区内同时打开

23. 一个数据库表最多能设置的触发器个数是（   ）。

    A. 1   B. 2   C. 3   D. 4

24. 定义参照完整性的目的是（　　　　）。

    A. 定义表的临时连接

    B. 定义表的永久连接

    C. 定义表的外部连接

    D. 在插入、删除、更新记录时，确保已定义的表间关系

25. 默认的表间连接类型是（　　　　）。

    A. 内部连接   B. 左连接   C. 右连接   D. 完全连接

二、填空题

1. Visual FoxPro 中包括两种表：＿＿＿＿＿＿＿＿和＿＿＿＿＿＿＿。

2. 在连接运算中，＿＿＿＿＿＿＿＿是去掉重复属性的等值连接。

3. 字段或记录的有效性规则的设置是在＿＿＿＿＿＿＿＿中进行的。

4. 永久关系是数据库表之间的关系，在数据库设计器中表现为索引之间有＿＿＿＿＿＿＿。

5. 在数据库中对两表建立关系时，要求父表的索引类型必须是＿＿＿＿＿＿＿＿或＿＿＿＿＿＿＿，而子表的索引类型则可以是＿＿＿＿＿＿＿＿。

6. 表设计器的"字段"选项卡的"字段有效性"选项组中，包括规则、＿＿＿＿＿＿＿＿和＿＿＿＿＿＿＿。

7. "参照完整性生成器"对话框的"删除规则"选项卡用于指定删除＿＿＿＿＿＿＿＿中的记录时所用的规则。"插入规则"选项卡用于指定在＿＿＿＿＿＿＿＿中插入新记录或更新已存在记录时所用的规则。

8. Visual FoxPro 可同时打开多个数据库，但所有作用于数据库的命令或函数只对＿＿＿＿＿＿＿＿起作用。

9. 在 Visual FoxPro 中，指定当前数据库的命令是＿＿＿＿＿＿＿＿。

10. 在 Visual FoxPro 中，要建立参照完整性，必须首先建立＿＿＿＿＿＿＿＿。

第 **5** 章

项目管理器

第一部分 上机指导

一、实验目的

1. 掌握项目管理器的启动、创建和使用方法
2. 学会使用项目管理器组织文件
3. 学会使用项目管理器快速访问 Visual FoxPro 各种设计器、生成器及向导的方法

二、知识介绍

项目管理器是 Visual FoxPro 提供的新工具之一，了解和熟悉项目管理器的功能与使用有利于提高开发应用程序的效率与对程序的维护。项目管理器提供了简易、可见的方式组织处理表、表单、数据库、报表、查询和其他文件，用于管理表和数据库或创建应用程序。

项目管理器中的项是以类似大纲的结构来组织的，可以将其展开或折叠，以便查看不同层次中的详细内容。

1. 项目管理器的组成

项目管理器为数据提供了一个组织良好的分层结构视图，主要由以下几部分组成。

① 项目管理器有 6 个选项卡，其中"全部"文件选项卡中，将显示应用的所有文件对象类，即"数据"、"文档"、"类库"、"代码"和"其他"；另外 5 个文件选项卡分别与这 5 个文件选项卡相对应，独立管理相应文件对象。

"全部"选项卡：集中显示该项目的所有文件。

"数据"选项卡：显示数据库、自由表、查询和视图。

"文档"选项卡：包含处理数据的 3 类文件，即表单、报表和标签。

"类库"选项卡：包含用户自己创建的有特殊功能的类。

"代码"选项卡：包含程序文件.prg、函数库 API 库和应用程序.app 文件。

"其他"选项卡：包含菜单文件、文本文件和其他文件。

② 分层结构视图。如果要在某个选项卡列出的文件选项卡中找出某个文件对象，只需找到相应的选项卡，如"文档"选项卡，然后单击"文档"左边的【+】按钮，就会列出其下级文件类型；再用同样的方法找寻，直到出现所需要的文件为止。

③ 命令按钮。在项目管理器右边有 6 个命令按钮，即"新建"、"添加"、"修改"、"运行"、"打开"或"浏览"、"移去"或"连编"。

2. 项目文件的管理

① 若在项目中加入文件，先选择要添加项的类型，再单击"添加"按钮，在"打开"对话框中，选择要添加的文件名，然后单击"确定"按钮。

② 若在项目中移去文件，先选定要移去的内容，再单击"移去"按钮。

③ 若从计算机中删除文件，则单击"删除"按钮。

④ 若要创建和修改文件时，利用项目管理器可以简化创建和修改文件的过程。只需选定要创建或修改的文件类型，然后单击"新建"或"修改"按钮，Visual FoxPro 将显示与所选文件类型相应的设计工具。

⑤ 若要创建添加到"项目管理器"中的文件时，先选定要创建的文件类型，再单击"新建"按钮。

⑥ 若要为文件添加说明，当在创建或添加新的文件时，可以为文件加上说明。文件被选定时，说明就会显示在"项目管理器"的底部。若要为普通文件添加说明，先在项目管理器中选定文件，再从"项目"菜单中选择"编辑说明"选项，在"说明"对话框中输入对文件的说明，最后单击"确定"按钮。

⑦ 若要在项目间共享文件，先在 Visual FoxPro 中打开要共享文件的两个项目，在包含该文件的项目管理器中选择该文件，拖动该文件到另一个的项目管理器中。

3. 项目表的管理

① 若要查看表中的数据，可以从项目管理器中浏览项目中所有的表。

② 若要浏览表的内容时，可以先选择"数据"选项卡，再选定一个表并单击"浏览"按钮。

4. 项目管理器的管理

① 若要定制项目管理器时，可定制可视工作区域，方法是改变项目管理器的外观或设置在项目管理器中双击运行的文件。

② 若要改变显示外观，则当项目管理器显示为一个独立的窗口时，可以移动它的位置、改变它的尺寸或者将它折叠起来只显示选项卡。

三、实 验 示 例

【例 5.1】创建一个项目管理表文件，有 3 个表：xsxx.dbf、xscj.dbf 和 kcm.dbf，将其加入到项目中。

"项目管理器"可以管理各项文件，这里以表文件为例，介绍如何通过"项目管理器"来管理文件。其他各类型的文件管理方法和此类似。

首先建立一个项目文件，步骤如下：

① 从"文件"菜单中选择"新建"命令，打开"新建"对话框。

② 选择"项目"选项，有两种方式："新建文件"和"向导"。这里选择"新建文件"选项。

③ 打开"创建"对话框在"项目文件"文本框中输入项目名称"学生信息管理系统"，在"保存在"下拉列表框中选择保存位置。

④ 单击"保存"按钮，项目文件就创建好了，并进入"项目管理器"窗口，如图 5-1 所示。

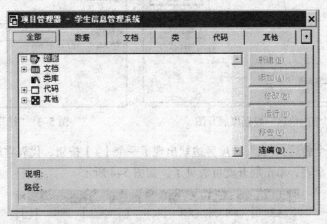

图 5-1　项目管理器

项目文件建好之后，是以.pjx 为扩展名保存在选好的保存位置，例如保存在"E:\VISUAL FOXPRO"路径下。双击项目文件，则会打开"项目管理器"窗口，如图 5-1 所示，它包含 6 个选项卡。

"项目管理器"打开之后，现在要把之前创建好的 3 个表 xsxx.dbf、xscj.dbf 和 kcm.dbf 添加到项目中。

步骤如下：

① 在"项目管理器"窗口中，选择"数据"选项卡，它包含 3 项："数据库"、"自由表"和"查询"。

表包含两种：数据库表和自由表。数据库表和自由表的区别是：1 自由表之间没有必要的关联，只存储相对独立的信息，不能被其他表所引用。2 数据库表有更强大的功能，它可以使用长表名和长字段名，表中字段可以有标题和注释，并且可以设置字段属性，还可以实现同远程数据源连接，创建本地视图和远程视图。

这里选择数据库表。既然是数据库表，就必须先创建一个数据库文件，这样表才能加入数据库中成为数据库表。

② 选择"数据库"选项，然后再单击"新建"按钮，先创建一个数据库文件"学生信息"，数据库文件是以.dbc 为扩展名保存的，操作和创建项目文件一样。

③ 建好"学生信息"数据库之后，那么它旁边会出现一个"+"按钮，单击它展开后，就可以看到"表"、"本地视图"、"远程视图"等选项，如图 5-2 所示。

④ 选择"学生信息"数据库下的"表"选项，然后单击"添加"按钮，就会弹出一个"打开"对话框，如图 5-3 所示。在这里选择需要添加的表，然后单击"确定"按钮就把一个表添加进项目中了。另外两个表的添加步骤一样。

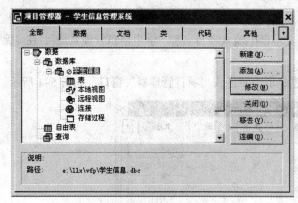

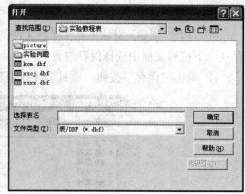

图 5-2　"学生信息"数据库展开图　　　　　　图 5-3　"打开"对话框

⑤ 添加完 3 个表后，"表"选项旁边就出现了一个【+】按钮，代表它里面包含有文件，也就是刚才添加的 3 个表，单击展开就可看见了，如图 5-4 所示。

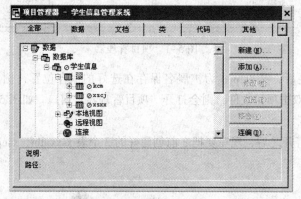

图 5-4　添加表后的"项目管理器"窗口

上面讲的是添加数据库表，如果要添加的是自由表，操作步骤和上述一样，只是先选择"自由表"选项，然后再按步骤做。通过"项目管理器"可以管理已经存在的文件，如果要在"项目管理器"中新建文件，那么新建好的文件就直接添加到项目中了。

四、上机实验

1. 建立一个"学生信息管理系统"项目。
2. 在"学生信息管理系统"项目中建立一个"学生信息"数据库。
3. 使用向导建立数据库。
4. 在建好的项目中添加表文件。

第二部分　习　　题

一、选择题

1. "项目管理器"的"数据"选项卡用于显示和管理（　　　）。
　　A. 数据库、自由表和查询　　　　　　　　　B. 数据库、视图和查询
　　C. 数据库、自由表、查询和视图　　　　　　D. 数据库、表单和查询

2. 如果说某个项目包含某个文件是指（　　　）。

    A. 该项目和该文件之间建立了一种联系

    B. 该文件是该项目的一部分

    C. 该文件不可以包含在其他项目中

    D. 单独修改该文件不影响该目录

3. "项目管理器"的功能是组织和管理与项目有关的各种类型的（　　　）。

    A. 文件　　　　　　　　B. 程序　　　　　　　　C. 字段　　　　　　　　D. 数据表

4. 在"项目管理器"中建立的项目文件的默认扩展名是（　　　）。

    A. .prg　　　　　　　　B. .pjx　　　　　　　　C. .mpr　　　　　　　　D. .mnr

5. 双击"项目管理器"的标题栏，可以将"项目管理器"设置成工具栏。如果要还原"项目管理器"，可以将"项目管理器"的工具栏拖到 Visual FoxPro 6.0 的窗口中，还可以（　　　）。

    A. 双击"项目管理器"的标题栏

    B. 选择"窗口"菜单中的"项目管理器"菜单项

    C. 选择"显示"菜单中的"工具栏"菜单项

    D. 双击"项目管理器"工具栏的边框

6. 在使用"项目管理器"时，要在"项目管理器"中创建文件，可以使用"新建"按钮，此时所建的新文件将（　　　）。

    A. 不被包含在该项目中　　　　　　　　　　　B. 既可包含也可不包含在该项目中

    C. 自动包含在该项目中　　　　　　　　　　　D. 可被任何项目包含

7. 在打开"项目管理器"窗口后，用"文件"菜单的"新建"命令所创建的文件（　　　）。

    A. 属于任何项目　　　　　　　　　　　　　　B. 属于当前打开的项目

    C. 不属于任何数据库　　　　　　　　　　　　D. 不属于任何项目

8. 在"项目管理器"中，选择一个文件并单击"移去"按钮，弹出相应对话框，在对话框中单击"移去"按钮后，被移去的文件将（　　　）。

    A. 被保留在原目录中

    B. 不被保留

    C. 将被从磁盘上删除

    D. 可能保留在原来的目录中，也可能被保留在其他目录中

9. 在"项目管理器"中，选择一个文件并单击"移去"按钮，弹出相应对话框，在对话框中选择"删除"按钮后，该文件将（　　　）。

    A. 仅仅从项目中移走

    B. 将磁盘上的文件删除，项目中还保存

    C. 不保留在原来的目录中，而是被移动到其他目录中

    D. 不仅被从项目中移走，磁盘上的文件也被删除

10. 将项目文件中的数据表移出后，该数据表被（　　　）。

    A. 逻辑删除　　　　　　B. 物理删除　　　　　　C. 移出数据库　　　　　　D. 移出项目

11. 在 Visual FoxPro 中若要定制工具栏，应在（　　　）菜单中操作。

    A. 显示　　　　　　　　B. 窗口　　　　　　　　C. 文件　　　　　　　　D. 工具

12. 退出 Visual FoxPro 的操作方法是（　　　　）。

    A. 从"文件"菜单中选择"退出"命令

    B. 单击"关闭窗口"按钮

    C. 在命令窗口中输入 QUIT 命令后，按【Enter】键

    D. 以上方法都正确

13. 在"选项"对话框的"文件位置"选项卡中可以设置（　　　　）。

    A. 默认目录　　　　　　　　　　　　　B. 表单的默认大小

    C. 日期和时间的显示格式　　　　　　　D. 程序代码的颜色

14. 在"项目管理器"中，如果某个文件前面出现【+】按钮，表示（　　　　）。

    A. 该文件中只有一个数据项　　　　　　B. 该文件有一个或多个数据项

    C. 该文件中有多个数据项　　　　　　　D. 该文件不可用

二、填空题

1. 打开"项目管理器"的同时，在 Visual FoxPro 菜单栏上自动添加一个_____菜单。

2. 如果要在项目中添加 Visual FoxPro 对象，必须先打开_____文件。

3. 在 Visual FoxPro 中，_____是创建和修改应用系统各种组件的可视化工具。

4. 向导是一种_____程序，用户通过回答一系列问题或者选择选项，向导将根据用户的回答生成文件或者执行任务，帮助用户快速完成一般性任务。

5. 用户可以更改系统的环境设置，如主窗口标题及默认目录等。设置时可以执行"工具"菜单的_____命令。

6. 在 Visual FoxPro 中，图形界面的操作工具分别是_____、_____、_____和_____。

7. 在 Visual FoxPro 中，输入表达式时，用户可以直接从键盘输入表达式的全部内容，也可以用 Visual FoxPro 提供的_____对话框，此对话框中包含了构成表达式的各种元素和符号。

8. 用命令格式打开项目管理器，要在命令窗口输入_____命令。

9. 在项目管理器中，执行选定的查询、表单或程序的按钮是_____。

第 **6** 章

Visual FoxPro 程序设计基础

第一部分 上机指导

实验一 程序文件的创建

一、实验目的

1. 掌握程序的建立、保存、运行的方法。
2. 掌握顺序执行语句的编写。
3. 掌握基本的输入输出语句。

二、知识介绍

1. 应用程序的建立

将应用程序的命令序列依次逐条输入到计算机中，进行必要的编辑，然后存入磁盘的过程称为程序的建立。

（1）菜单方式下应用程序的建立

在 Visual FoxPro 的主窗口中选择"文件"菜单中的"新建"选项，弹出"新建"对话框。

（2）命令方式下应用程序的建立

格式：MODIFY COMMAND <程序名>

2. 应用程序的运行

（1）菜单方式下应用程序的运行

选择"程序"菜单下的"运行"选项，显示"运行"窗口，在"执行文件"文本框中输入要执行的应用程序名，单击执行窗口中的"运行"按钮，即可运行该应用程序。

（2）在命令方式下应用程序的运行

格式：DO <应用程序名> [WITH <参数表>]

3．常用命令介绍

简单的输入/输出命令。

（1）INPUT 命令

格式：`INPUT [<提示信息>] TO <内存变量>`

功能：暂停程序的执行，等待用户从键盘上输入表达式并将表达式的值赋给指定的内存变量，待按【Enter】键后，继续运行程序。

（2）ACCEPT 命令

格式：`ACCEPT [<提示信息>] TO <内存变量>`

功能：暂停程序的运行，等待用户从键盘上输入字符型常量以赋给指定的内存变量。

（3）WAIT 命令

运用 ACCEPT 命令，用户可以为内存变量输入多个字符的数据。但是在某些情况下，只需应答一个字符即可。此时为了减少击键的次数，提高反馈的速度，可以使用系统提供的单字符输入命令，即等待命令。

格式：`WAIT [<提示信息>] [TO <内存变量>] [WINDOW [AT <行>,<列>]] [NOWAIT]`
　　　　`[CLEAR | NOCLEAR][TIMEOUT <数值表达式>]`

功能：暂停程序的执行，等待用户从键盘上单击某键或单击鼠标后继续程序的执行。

4．注释命令

在程序代码中，往往要对本程序的名称、功能作一些说明；或对某些语句作一些解释性的注释说明，以帮助其他用户读者了解程序的结构及命令的功能，提高程序的可读性或作为程序设计人员的备忘标记。

格式1：`NOTE <注释内容>`

格式2：`* <注释内容>`

功能：作为一个独立的语句行注明程序的名称、功能、提示说明或其他备忘标记。

格式3：`…… && <注释内容>`

功能：置于某命令行之后，是系统中唯一能够与另一条命令写在同一自然行中的命令，用于注明本命令的意义、功能、说明信息或特殊信息。

5．清除命令

格式1：`CLEAR`

功能：清除当前屏幕上的所有信息，并将光标置于屏幕的左上角，同时从内存中释放指定项。

格式2：`CLEAR ALL`

功能：关闭所有文件，释放所有内存变量，将当前工作区置于1号工作区。

格式3：`CLEAR TYPETHEAD`

功能：清除键盘缓冲区，以便正确地接收用户输入的数据。

6．关闭文件命令

格式1：`CLOSE ALL`

功能：关闭所有工作区中已打开的数据库、表以及索引文件，将工作区置于1号工作区。

格式2：`CLOSE <文件类型>`

功能：关闭<文件类型>指定的所有文件。

7. 运行中断和结束命令

Visual FoxPro 的应用程序可以根据需要中断运行返回到命令窗口状态，或返回到操作系统，也可以返回到调用它的上一级程序或最高级主程序。

格式 1：QUIT

功能：关闭所有文件，结束当前 Visual FoxPro 工作器，将控制权交还给操作系统。

格式 2：CANCEL

功能：中断程序运行，关闭所有文件，释放所有局部变量，将控制权交还给命令窗口或操作系统。

格式 3：RETURN [TO MASTER]

功能：将程序控制权交还给调用它的上一级程序或最高一级的主程序。

格式 4：RELEASE <THISFORM>

功能：终止表单的运行。

8. 文本显示命令

格式：TEXT
  <文本内容>
 ENDTEXT

功能：将<文本内容>原样显示输出。

9. 顺序结构

Visual FoxPro 系统提供的命令非常丰富，且功能强大，将这些命令和一些程序设计语句有效地组织在一起，形成实现某一特定功能的程序，就能更充分地体现 Visual FoxPro 系统的特点。

顺序结构是在程序执行时，根据程序中语句的书写顺序依次执行的命令序列。Visual FoxPro 系统中的大多数命令都可以作为顺序结构中的语句。

三、实验示例

【例 6.1】打开 Visual FoxPro，新建一个程序文件 ex1.prg，要求完成以下功能：

清屏，在屏幕上显示"请输入长方形的长："、"请输入长方形的宽："，求长方形的周长和面积。并以"长方形的周长是 XXXm"、"长方形的面积是 XXXm^2"的形式显示出来。

程序清单如下：

```
SET TALK OFF                          &&关闭系统对话
CLEAR                                 &&清除屏幕
INPUT"请输入长方形的长: "TO longth
INPUT"请输入长方形的宽: "TO wideth
girth=(longth+wideth)*2
area=longth*wideth
?"长方形的周长是"+STR(girth,3)+"m"
?"长方形的面积是"+STR(area,3)+"m²"
SET TALK ON
RETURN
```

【例 6.2】编程完成将一个数据表打开并显示该表的结构。

```
SET TALK OFF                          &&关闭系统对话
USE E:\xly\xxsx\xsxx                  &&打开表
```

```
CLEAR                              &&清除屏幕
DISPLAY STRUCTURE                  &&显示表结构
WAIT "请按下任意一键返回"          &&等待用户响应
CLEAR                              &&清除屏幕
SET TALK ON                        &&打开系统对话
RETURN                             &&返回调用程序
```

四、上机实验

1. 建立一个程序文件 ex1.prg，完成以下功能：

清屏。打开学生基本情况表：xsxx.dbf。显示："请输入您想查找的人的姓名"，从键盘输入姓名"王小丽"，在表中查找纪录（利用 LOCATE 命令），并显示该纪录。

2. 建立一个程序文件 ex2.prg，完成以下功能：

根据输入的基本人口数量 a 和人口的年增长率 b，计算 20 年后人口总数 c。

实验二　选择（分支）结构程序设计

一、实验目的

1. 掌握分支结构程序的设计思路、设计方法。
2. 掌握单分支、双分支、多分支程序的设计方法。
3. 熟悉和掌握最基本的分支结构的程序设计。
4. 掌握程序设计调试的方法与技巧。

二、知识介绍

1. 单分支结构（简单分支）

格式：IF <条件表达式>
　　　　 <语句序列>
　　　 ENDIF

功能：首先计算<条件表达式>的值，然后对其值进行判断，若其值为真（.T.），则顺序执行<语句序列>；若其值为假（.F.），则跳过<语句序列>（即不执行<语句序列>），执行 ENDIF 语句之后的后续语句。

2. 双分支结构

格式：IF <条件表达式>
　　　　　 <语句序列 1>
　　　 ELSE
　　　　　 <语句序列 2>
　　　 ENDIF

功能：先计算<条件表达式>，然后对其值进行判断，若其值为真（.t.），则顺序执行<语句序列 1>，然后执行 ENDIF 语句之后的后续语句；若其值为假（.f.），则顺序执行<语句序列 2>，然后执行 ENDIF 语句之后的后续语句。其执行过程如图 6-1 所示。

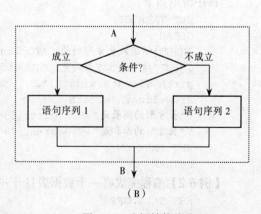

图 6-1　选择结构流程图

3．多分支结构

虽然用条件语句的嵌套结构可以解决程序中的多重选择问题，但是在处理这类问题时，程序的结构显得复杂，层次较多，并且容易出错，使用也不方便。为此，Visual FoxPro 系统提供了一种多分支结构语句。

格式：
```
DO CASE
CASE <条件表达式 1>
  <语句序列 1>
CASE <条件表达式 2>
  <语句序列 2>
……
CASE <条件表达式 N>
  <语句序列 N>
[OTHERWISE
  <语句序列 N+1>]
 ENDCASE
```

功能：依次判断多个条件表达式，选择执行第一个逻辑值为真的<条件表达式>所对应得到的语句序列。

4．嵌套

一个 IF 语句里面包含另一个 IF 语句。

三、实验示例

【例 6.3】编写一个程序，要求从键盘输入 3 个任意数，然后把这 3 个数按从小到大的顺序输出。

```
SET TALK OFF
CLEAR
INPUT  "请输入 a:" TO a
INPUT  "请输入 b:" TO b
INPUT  "请输入 c:" TO c
IF a>b
  t=a
  a=b
  b=t
ENDIF
IF a>c
  t=a
  a=c
  c=t
ENDIF
IF b>c
  t=b
  b=c
  c=t
ENDIF
?"3 个数从小到大依次为",a,b,c
SET TALK ON
RETURN
```

【例6.4】打开学生信息表，从键盘输入学生姓名，如果找到了，显示该生的记录，如果没找到，显示查无此人。

程序清单如下：

```
SET TALK OFF
CLEAR
USE E:\xly\xxsx\xsxx.dbf
ACCEPT "请输入学生姓名: " TO name1
LOCATE FOR xm=name1
IF NOT FOUND()
? "对不起，查无此人！"
   CANCEL
ELSE
 DISP
ENDIF
SET TALK ON
USE
RETURN
```

【例6.5】某课程按成绩高低分成 A、B、C、D、E 等 5 个等级之一，从键盘输入某学生该门课程的成绩，并打印成绩所属级别。成绩分类标准如下：

A 级: 90~100 ; B 级: 80~90 (不含 90); C 级: 70~80 (不含 80); D 级: 60~70 (不含 70); E 级: 0~60 (不含 60)

程序清单如下：

```
SET TALK OFF
CLEAR
INPUT "学生成绩: " TO grade
?"学生成绩是"+str(grade,3)+"等级为"
DO CASE
   CASE grade>=90
     ??"A"
   CASE grade>=80
     ??"B"
   CASE  grade>=70
     ??"C"
   CASE  grade>=60
     ??"D"
    OTHERWISE
      ??"E"
ENDCASE
SET TALK ON
RETURN
```

四、上机实验

1. 建立一个程序文件 ex3.prg，根据输入的 x 值，计算下面分段函数的值，并显示结果。

$$y=\begin{cases} 5x^2+6x-1 & (x \leqslant 0) \\ x^2-4x+1 & (0 \leqslant x \leqslant 20) \\ 3x^2+1 & (x>20) \end{cases}$$

2．设有工资数据表 GZ.dbf，其结构分别如下：

GZ.dbf：职工号（c,6）、姓名（c,8）、参加工作时间（d,8）、基本工资（n,7,2）、奖金（n,6,2）、津贴（n,6,2）、水电费（n,5,2）、实发工资（n,8,2），对记录号为 5 的职工根据参加工作年限增加工资，请按以下要求编写增加基本工资的程序：参加工作 20 年及 20 年以上的增加 200 元否则增加 80 元；并重新计算调整后实发工资，程序文件名为 ex4.prg。

3．建立一个程序文件 ex5.prg，编写一个验证口令的程序，如果口令正确，屏幕显示"口令正确，欢迎使用！"；口令不正确时出现提示"口令错！请重新输入"。

4．建立一个程序文件 ex6.prg，完成以下功能：从键盘输入任意四个数，按从大到小的顺序输出。假设输入 4 个数分别给变量 a，b，c，d，首先将 a 与 b，c，d 比较，如果 a 小于其他三个数，则相互交换。然后将 b 与 c，d 比较，如果 b 小于 c 或 d，则相互交换。最后，将 c 与 d 比较，如果 c 小于 d，则交换它们。

实验三　循环结构程序设计

一、实验目的

1．掌握循环结构程序的设计方法。

2．掌握 3 种循环语句的应用。

3．掌握操作过程中的程序所出现的错误进行处理。

二、知识介绍

在结构化程序设计中，顺序、分支结构在程序执行时，每个语句只能被执行一次；而要使某些语句能重复执行若干次，则需要通过循环结构来实现。

程序设计中的循环结构是指在程序中，从某处开始有规律地反复执行某一段程序的现象。被重复执行的程序段称为循环体，循环体的执行与否及次数多少视循环类型与条件而定。当然，无论何种类型的循环结构，其共同的特点是必须确保循环体的重复执行能被终止（即不能是无限循环）。

Visual FoxPro 具有一般程序设计语言都有的 While 条件循环语句和 For 计数循环语句，此外还有专门用于对表进行处理的 Scan 扫描循环语句。

1．条件循环（While 循环）

格式：

```
DO WHILE <条件表达式>
    <语句序列>
    [EXIT]
    [LOOP]
    <语句序列>
ENDDO
```

功能：首先计算<条件表达式>的值，若其值为真（.t.），则执行循环体。遇到循环终端语句（或 Loop），就返回循环起始语句重新计算和判断<条件表达式>的值，若其值仍为真（.t.），则重复上述操作，直至其值为假（.f.）或遇到（Exit 语句）为止，则退出循环而执行循环终端语句的后续语句。

循环短路语句（Loop）为可选项，其作用是迫使程序不再执行其后至 Enddo 语句之间的语句序列，而返回到循环起始语句使循环流程短路。在程序中必须与判断语句或多分支语句联用。

循环断路语句（Exit）也是可选项。其作用是无条件地迫使程序中断而转去执行 Enddo 语句的后续语句。该语句必须与 Loop 一样安排在循环体的某个分支上。

2．计数型循环（For 型循环）

在循环结构中，还可以建立固定次数的循环，即所谓计数型循环。构造这种循环的要点是：首先要设置一个循环控制变量，这种变量一般是由数值行内存变量来充当；然后为其设置初值、终值、步长，则循环体的执行次数即被固定。计数型循环可以根据给定的次数重复执行循环体。

```
格式：FOR <循环控制变量>=<初值> TO <终值> [STEP <步长>]
        <语句序列>
        [LOOP]
        <语句序列>
        [EXIT]
        <语句序列>
     ENDFOR/NEXT
```

功能：按照设置好的循环变量参数，执行固定次数的循环体的操作。

说明：格式中的 For 语句称为循环说明语句，语句中所设置的初值、终值与步长决定了循环体的执行次数 r。$r=\text{Int}((终值-初值)/步长)+1$。

当步长为 1 时，子句 Step 1 可以省略。

3．指针型循环（Scan 型）

"指针"型循环控制语句，即根据用户设置的表中的当前记录指针，决定循环体内语句的执行次数。这是一种专门用于数据处理的循环命令。不仅可以缩短程序，节约存储空间，而且可以提高程序的执行速度。

```
格式：SCAN [<范围>] [FOR <条件表达式1>] [WHILE <条件表达式2>]
        <语句序列>
        [LOOP]
        <语句序列>
        [EXIT]
        <语句序列>
     ENDSCAN [注释]
```

功能：在当前表中从首记录开始自动、逐个移动记录指针扫描全部记录，对于符合条件的记录执行循环体规定的操作。

说明：

在循环起始语句 Scan 中，[<范围>]子句指明了扫描记录的范围，其默认值为 All；

For 子句说明只对使<条件表达式1>的值为真的记录进行相应的操作；While 子句则指定只对使<条件表达式 2>的值为真的记录进行相应的操作，直至使其值为假的记录为止，即不再执行本程序。

4．循环的嵌套

若一个循环结构的循环体中完整地包含另一个循环结构，则称此循环结构为循环的嵌套。较为复杂的问题往往需要用多重循环来处理。下面为使用循环的嵌套关系的示例。

示例 1：
```
DO WHILE <条件表达式1>
    …
    DO WHILE <条件表达式2>
       …
    ENDDO
    …
ENDDO
```
示例 2：
```
DO WHILE <条件表达式>
    …
    FOR <循环控制变量>=<初值> TO <终值> [<STEP 步长>]
       …
    ENDFOR
    …
ENDDO
```
示例 3：
```
DO WHILE <条件表达式1>
    …
    IF <条件表达式2>
       …
    ELSE
       …
    ENDIF
    …
ENDDO
```

三、实验示例

【例 6.6】利用下述公式计算圆周率的近似值（设 n=1000）。

$$\pi = 2 \cdot \frac{2}{\sqrt{2}} \cdot \frac{2}{\sqrt{2+\sqrt{2}}} \cdot \frac{2}{\sqrt{2+\sqrt{2+\sqrt{2}}}} \cdots$$

分析：首先找出公式中无穷乘积各项的规律：设第 n 项的分母为 P_n，则 $n+1$ 项的分母为 P_{n+1} $=\sqrt{2+P_n}$。若前 n 项积为 S_n，则前 n 项乘积为 $S_{n+1}=2S_n / P_{n+1}$。

程序清单如下：
```
SET TALK OFF
CLEAR
s=2
p=0
FOR i=1 TO 100
   p=SQRT(2+p)
   s=2*s/p
ENDFOR
? sxsxk
SET TALK ON
```

【例 6.7】从表文件 xsxx.dbf 中，逐条输出籍贯是广东的学生记录。

分析：先用 Locate 命令将记录指针定位于满足条件的第一条记录上，然后进入循环语句。每次执行循环体，先显示当前记录的内容，然后用 Continue 命令将记录指针定位于满足条件的下一条记录上。

程序清单如下：

```
SET TALK OFF
CLEAR
USE e:\xly\xxsx\xsxx.dbf
LOCATE FOR jg="广东"
DO WHILE .NOT.EOF( )
  DI3PLAY
  WAIT
  CONTINUE
ENDDO
USE
SET TALK ON
RETURN
```

【例 6.8】打印下列图形

```
SET TALK OFF                                    *
CLEAR                                          ***
x=1                                           *****
row=3                                        *******
col=40                                      *********
FOR i=1 TO 9                                 *******
  @row,col SAY REPLICATE("*",x)               *****
  row=row+1                                    ***
  IF row-2<6                                    *
    col=col-1
    x=x+2
  ELSE
    col=col+1
    x=x-2
  ENDIF
ENDFOR
SET TALK ON
```

四、上机实验

1. 求 1~100 的和。分别用 for…endfor 语句和 do while…enddo 语句。

2. 从键盘输入任意数 n，求该数的阶乘 $n!$，当输入的数据为负数则显示"输入数据有误，请重新输入!!"，当输入的数据为 0，则结束程序执行。

3. 用下列级数的前 21 项之和计算自然对数之底 e 的近似值。

$$e = 1 + \frac{1}{1!} + \frac{1}{2!} + \ldots + \frac{1}{20!}$$

思路：假设内存变量 e 存放各项类加和；内存变量 t 依次存放 1~20 的阶乘和；内存变量 x 为循环控制变量，根据题意其初值、终值和步长分别设置为 1、20 和 1。

4. 打印下列数字金字塔

```
                1
              1 2 1
            1 2 3 2 1
          1 2 3 4 3 2 1
        1 2 3 4 5 4 3 2 1
      1 2 3 4 5 6 5 4 3 2 1
    1 2 3 4 5 6 7 6 5 4 3 2 1
  1 2 3 4 5 6 7 8 7 6 5 4 3 2 1
1 2 3 4 5 6 7 8 9 8 7 6 5 4 3 2 1
```

5. 用泰勒多项式求 $\sin x$ 的近似值。公式如下:

$$\sin x = \frac{x}{1} - \frac{x^3}{3!} + \frac{x^5}{5!} - \frac{x^7}{7!} + \cdots + (-1)^{(n-1)} \cdot \frac{x^{(2n-1)}}{(2n-1)!}$$

实验四　函数和过程

一、实验目的

1. 掌握用户自定义函数及过程的定义和建立方法。
2. 掌握子程序的建立和调用方法。
3. 掌握调用过程和函数时参数的传递。

二、知识介绍

1. 过程、函数定义的基本格式

（1）过程定义的格式：

```
PROCEDURE <过程名>
[PARAMETERS <参数名表>]
<语句序列>
[RETURN]
[ENDPROC]
```

（2）函数定义的格式：

```
FUNCTION <函数名>
[PARAMETERS <参数名表>]
<语句序列>
RETURN <表达式>
[ENDFUNC]
```

2. 过程文件的一般格式

```
PROCEDURE <过程名 1>
  <过程名 1 的语句序列>
RETURN
PROCEDURE <过程名 2>
  <过程名 2 的语句序列>
RETURN
...
...
PROCEDURE <过程名 N>
  <过程名 N 的语句序列>
RETURN
```

若过程和函数组织在一个过程文件中，则调用过程前首先必须打开过程文件。

（1）打开过程文件的语句格式为：

```
SET PROCEDURE TO <过程文件名表> [ADDITIVE]
```

功能：打开命令中<过程文件名表>中指定的各个过程文件。

（2）调用过程命令格式：

```
DO <过程名> [IN <程序文件名>] [WITH <参数表>]
```

功能：调用<过程名>指定的过程。

3. 参数传递

过程可以接收调用程序传递过来的参数，并能根据接收到的参数控制程序流程或对接收到的参数进行处理，从而大大提供过程程序功能设计的灵活性。

接收参数的命令格式：

```
PARAMETERS <虚参表>
```

或

```
LPARAMETERS <虚参表>
```

相应地，调用过程程序命令的格式：

格式 1：`DO <文件名>|<过程名> WITH <实参表>`

格式 2：`<文件名>|<过程名> WITH (<实参表>)`

采用格式 1 调用过程时，若实参是常量或表达式，系统会计算出实参的值，并将它们赋值给相应的虚参，即按值传递；若实参是变量，则传递的将不是变量的值，而是变量的地址，这时虚参和实参实际上是同一个变量（尽管它们的名字可能不同），在过程中对虚参值的改变，同样会造成对实参值的改变，即按引用传递。

采用格式 2 调用过程时，默认按值传递。

三、实验示例

【例 6.9】用过程的方法来求 100 内的素数的个数。

程序清单如下：

```
SET TALK OFF
CLEAR
sum1=0
FOR i=3 TO 100
  prime=.T.
  DO sub1 WITH i
  IF prime
    sum1=sum1+1
  ENDIF
ENDFOR
? "100 以内素数的个数为: "+str(sum1,2)
SET TALK ON
RETURN
PROCEDURE sub1
  PARAMETERS x
  FOR j=2 TO INT(SQRT(x))
    IF MOD(x,j)=0
```

```
        prime=.F.
        EXIT
      ENDIF
    ENDFOR
RETURN
```

【例 6.10】设计一个自定义函数 fac()，用它来求 x!，编在主程序程序中调用函数，计算 s=a!+b! 其中 a、b 由键盘输入。

```
SET TALK OFF
CLEAR
INPUT "请输入 a: " TO a
INPUT "请输入 b: " TO b
s=fac(a)+fac(b)
? "两个数的阶乘之和为"+STR(s,4)
SET TALK ON
RETURN

FUNCTION fac()
  PARAMETERS n
  f=1
  FOR i=1 TO n
    f=f*i
  ENDFOR
  RETURN f
```

四、上机实验

1. 用过程求 1!+2!+…+10!。
2. 设计一个计算长方形体积的过程文件，并要求在主程序中带参数调用。

第二部分　习　题

一、选择题

1. 在 Visual FoxPro 中，INPUT, APPEND, WAIT 这 3 条命令中可以接收字符的命令是（　　　）。

  A. 只有 ACCEPT　　　　　　　　　　　　B. 有 ACCEPT 和 WAIT

  C. 都可以　　　　　　　　　　　　　　　D. 有 WAIT

2. 行命令 ACCEPT"请输入出生日期："TO MDATE 时，如果通过键盘输入 CTOD("01/01/69")，则 MDATE 的值应当是（　　　）。

  A. TOD("01/01/69")　　　　　　　　　　　B. 01/01/69"

  C. 1/01/69　　　　　　　　　　　　　　　D. 接受，MDATE 不赋值

3. 与相应索引文件已经打开，内存变量 XM="李春"，执行时会产生逻辑错误的命令是（　　　）。

  A. LOCATE FOR　姓名=xm　　　　　　　　B. FIND &xm

  C. SEEK XM　　　　　　　　　　　　　　D. LOCATE FOR　姓名=&xm

4. 在非嵌套程序结构中，可以使用 LOOP 和 EXIT 语句的基本程序结构是（　　　）。

  A. TEXT…ENDTEXT　　　　　　　　　　B. DO WHILE…ENDDO

  C. IF…ENDIF　　　　　　　　　　　　　D. DO CASE…ENDCASE

5. 在 Visual FoxPro 6.0 中，下列哪条命令用来定义局部变量？（　　　）

  A. LOCAL　　　　　B. PRIVATE　　　　　C. PUBLIC　　　　　D. DEFINE

6. 结构化程序设计的 3 种基本逻辑结构是（　　　）。

  A. 选择结构、循环结构和嵌套结构　　　　B. 顺序结构、选择结构和循环结构

  C. 选择结构、循环结构和模块结构　　　　D. 顺序结构、递归结构和循环结构

7. 在 DO WHILE .T.的循环中，退出循环应使用的命令是（　　　）。

  A. LOOP　　　　　B. EXIT　　　　　C. CLOSE　　　　　D. CLEAR

8. 当前已经打开的数据表中有 20 条学生信息记录，其中男生为 9 人。执行下列命令后，该表中还有多少条记录？（　　　）

```
DELE FOR 性别_"男"
PACK
RECALL ALL
```

  A. 20　　　　　B. 11　　　　　C. 9　　　　　D. 不能确定

二、填空题

1. 下列程序是根据输入的姓名，首先判断是否三好学生（该字段为逻辑型）或少数民族，如果是，则学分加 5，否则不加分。试填空完成该程序。

```
SET TALK OFF
USE Xs
ACCEPT  "请输入姓名: " TO Xm
_____ FOR  姓名=Xm
  IF  三好学生 .OR. 民族 < > "汉"
          _____学分+5
    ELSE
      ? "不加分"
  ENDIF
USE
SET TALK ON
RETURN
```

2. 设有一个名为 Gz.dbf 的表文件，结构如下：

字段名	姓名	职务	工资	出生日期	正式工
字段类型	C	C	N	D	L
字段宽度	8	10	6	8	1
小数			2		

  要求根据提供的职工姓名判断此职工是否于 1970 年 9 月 1 日前出生的正式工，若满足此条件，则工资上浮 20%，否则不加工资，试根据题目要求填空。

```
SET TALK OFF
USE Gz
DO WHILE .T.
  _____ "请输入职工姓名: " TO Xm
    GO TOP
    _____ FOR Trim(姓名)=Xm
    IF  出生日期 <=_____ ("9/1/70").AND.正式工
      REPLACE 工资_____工资 *1.2
      _____
      ? "不加工资"
    ENDIF
```

```
            WAIT "是否继续查找 Y/N? "  TO  a
            IF_____="N"
               USE
               EXIT
            ENDIF
         ENDDO
         USE
         SET TALK ON
         RETURN
```

3. 有表 student.dbf，其中有姓名等字段，姓名的类型为字符型，以下是查询程序。

```
   SET TALK OFF
   _____
   ACCEPT "输入姓名: " TO _____
   LOCATE FOR 姓名=xingming
   IF FOUND ( )
   DISPLAY
   ELSE
   ?"查无此人!"
   _____
   USE
   SET TALK ON
   RETURN
```

4. 设表文件 SC.dbf 有如下记录，其中学号、姓名为 C 型字段，其余为 N 型字段，设数据表已经打开。

RECORD#	学号	姓名	出生日期	性别	籍贯	贷款
1	913101	王刚	03/11/73	男	广西	350
2	913102	李玲	04/25/73	女	江西	200
3	913103	赵冲	04/26/73	女	安徽	150
4	913104	李新	04/28/74	女	辽宁	100
5	924104	章文	05/01/75	男	云南	250
6	924105	曾重	05/02/74	男	河南	50

（1）按"学号"建立索引文件 isc，应该用命令_____。

（2）求贷款总和并存入变量 dkh，应该用命令_____。

（3）求贷款平均值并存入变量 pjdk，应该用命令_____。

（4）统计女学生的人数并存入变量 hofw，应该用命令_____。

5. 有以下 std.dbf 表文件：

Record#	准考证号	姓名	性别	笔试成绩	上机成绩	合格否
1	101001	刘林芬	女	72	78	.F.
2	101003	林育成	男	87	78	.F.
3	101006	张鸿宾	男	60	42	.F.
4	101014	柳林	男	90	60	.F.
5	101016	江小涛	女	56	66	.F.

将 std.dbf 表中笔试成绩和上机成绩均及格的（大于等于 60 分）学生记录的合格否字段修改为逻辑真，然后将合格的记录复制生成合格数据表 gf.dbf。试对以下操作填空。

```
USE std
```

```
LIST
REPLACE ALL 合格否_____FOR_____
COPY TO HG_____
```

接下来对 hg.dbf 数据表建立索引，按笔试成绩与上机成绩的总分升序，然后查询。试对以下操作填空。

```
USE hg
INDEX _____TO chj
FIND 150
?姓名，笔试成绩，上机成绩，笔试成绩+上机成绩
? 命令显示的内容是_____
```

分别计算男女考生的平均分，试对以下命令序列填空：

```
USE std
AVERAGE 笔试成绩，上机成绩 FOR 性别="男"TO nan1, nan2
AVERAGE 笔试成绩，上机成绩 FOR 性别="女" TO nv1, nv2
? nan1, nv1, nan2, nv2
? nan1>nv1, nan>nv2
```

最后一条命令显示的结果是_____。

对 teacher.dbf 中的每条记录的 SALARY 字段作如下变化：若 salary >=3000，则上浮 3%，若 salary <3000，则上浮 6%

```
USE teacher
_____
IF salary >= 3000
REPLACE salary WITH salary * 1.03
ELSE
_____
ENDIF
ENDSCAN
USE
```

6. 一学生档案表 student.dbf，其字段有：学号、姓名、专业、出生日期、入学成绩、简历，表中已有数据。另有一学生成绩表 score.dbf，其字段有：学号、平均分、操行成绩，表中已有数据。以下程序实现输入学号后根据平均分和操行成绩判断该学生的奖学金等级，最后输出学号、姓名、奖学金等级。

```
SET TALK OFF
SELE 1
USE student
SELE 2
USE score
INDEX ON 学号 TO xh
SELE A
_____
ACCEPT "请输入学生学号" TO no
SEEK no
zx=_____
IF .NOT. EOF()
DO CASE
CASE 平均分>=90 .AND. &zx="优"
jxj="甲等"
CASE 平均分>=80 .AND. (&zx="优".OR.&zx="良")
jxj="乙等"
CASE 平均分>=75 .AND. (&zx="优".OR.&zx="良")
jxj="丙等"
```

```
      OTHERWISE
      jxj="无"
      ENDCASE
      ? "学号", 学号, "姓名", 姓名, "奖学金", jxj
      ENDIF
      CLOSE ALL
      SET TALK ON
```

7. 根据提示完成下列程序：

```
      SET TALK OFF
      ACCEPT "输入表名:" TO km
      USE &km
      *显示最前面 5 条记录
      _____
      WAIT
      GO BOTTOM
      *显示最后 4 条记录
      _____
      DISP NEXT 4
      USE
```

三、程序阅读题

1. 设表 stu.dbf 中有"学号、姓名、性别、出生日期、班级"等字段，有程序如下：

```
      SET TALK OFF
      USE stu
      STORE SPACE(6) TO xm
      INDEX ON 学号 to xh
      DO WHILE .T.
        ACCEPT "输入姓名: " TO xm
        LOCATE FOR 姓名=xm
        IF .NOT. EOF()
          DISPLAY
        ELSE
          ?'查无此人'
        ENDIF
        WAIT "继续吗?" TO yn
        IF UPPER(yn)='N'
          EXIT
        ELSE
          LOOP
        ENDIF
      ENDDO
      USE
      SET TALK ON
```

2. 下列程序中子程序 sub 的?a,b 命令的显示结果是_____；主程序 main 的?a,b 命令的显示结果是_____。

```
      *sub.prg
        PRIVATE b
        b=2
        a=w*1*b
        ?a,b
        RETURN
      *main.prg
      SET TALK OFF
```

```
a=0
l=6
w=3
b=3
DO sub
?a,b
RETURN
```

3. 下面的程序或操作均基于如下的学生.dbf 文件，其中学号、姓名和课程名字段为字符型，成绩字段为数值型：

学号	姓名	课程名	成绩
9921101	张瑞雪	Visual FoxPro	90
9921102	黄丽	Visual FoxPro	88
9921103	林军	Pascal 语言程序设计	66
9921104	崔健	C 语言程序设计	46
9921101	张瑞雪	Pascal 语言程序设计	78
9921102	黄丽	Pascal 语言程序设计	34
9921103	林军	C 语言程序设计	95
9921101	张瑞雪	C 语言程序设计	74
9921102	黄丽	BASIC 语言程序设计	69

① 有如下命令序列：
```
USE 学生
INDEX ON 成绩 TO temp
GO TOP
?RECNO()
```
执行以上命令后，屏幕上显示的记录号是_____。

A. 1   B. 6   C. 7   D. 9

② 执行 LOCATE FOR 成绩 <60 命令之后，要将记录定位在下一个成绩小于60分的记录上，应使用命令_____。

A. LOCATE WHILE 成绩<60   B. SKIP

C. LOCATE FOR 成绩<60   D. CONTINUE

③ 有如下命令序列：
```
USE 学生
GO 4
LIST WHILE 课程名="C 语言程序设计"
```
执行以上命令的显示结果是_____。

A. 所有课程名为"C 语言程序设计"的记录

B. 从第 4 条记录开始所有课程名为"C 语言程序设计"的记录

C. 从第 5 条记录开始所有课程名为"C 语言程序设计"的记录

D. 只有第 4 条记录

④ 有如下命令序列：
```
USE 学生
INDEX ON 课程名 TO kc
TOTAL ON 课程名 TO temp
```

执行以上命令后，temp 表文件的第 2 条记录是_____。

A. 9921103　林军　PACAL 语言程序设计　　　66

B. 9921104　崔健　C 语言程序设计　　　　　46

C. 9921104　崔健　C 语言程序设计　　　　　215

D. 9921103　林军　PACAL 语言程序设计　　　178

⑤ 有如下命令序列：

```
USE 学生
INDEX ON 姓名 TO temp
SET EXACT ON
FIND 崔
?EOF()
```

执行以上命令序列的输出结果是_____。

A. 4　　　　　　　B. .T.　　　　　　C. .F.　　　　　　D. 0

⑥ 设学生库文件已经打开，执行以下命令

```
SUM TO s FOR "P" $ 课程名 .AND. "程序设计 $ 课程名
```

s 的值是_____

A. 215　　　　　　B. 178　　　　　　C. 640　　　　　　D. 393

⑦ 有如下程序段：

```
USE 学生
STORE 0 TO x,y,z
DO WHILE .NOT. EOF()
DO CASE
CASE RIGHT(学号,1)='1'
x=x+成绩
CASE RIGHT(学号,1)='2'
y=y+成绩
CASE RIGHT(学号,1)='3'
z=z+成绩
ENDCASE
SKIP
ENDDO
USE
?x
```

执行以上程序后，显示结果是_____。

A.　191　　　　　　B. 161　　　　　　C. 46　　　　　　D. 242

⑧ 有如下命令序列：

```
SET SAFETY OFF
USE 学生
RECALL ALL
DELETE FOR ="9921102".OR. 成绩<60
PACK
```

执行上面命令后，学生文件中的记录数是_____。

A. 4　　　　　　　B. 5　　　　　　　C. 6　　　　　　D. 7

⑨ 试写出下列程序执行的结果

```
SET TALK OFF
CLEAR
STORE 1 TO x,Y
```

```
DO WHILE .T.
  IF x>4
    EXIT
  ENDIF
  IF x/2 =INT(x/2)+1/2
    @ x,Y SAY "####"
  ELSE
    @ x ,Y SAY "****"
  ENDIF
  x=x+1
  Y=Y+1
ENDDO
SET TALK ON
RETURN
```

⑩ 试写出下列程序执行的结果。

```
SET TALK OFF
a=0
DO WHILE  a<10
  a=a+1
  IF  a/2=INT(a/2)
    ? a
  ELSE
    LOOP
  ENDIF
ENDDO
SET TALK ON
RETURN
```

⑪ 写出主程序 Main.Prg 调用过程文件 Sub1.prg、Sub2.prg 和 Sub3.prg 后的运行结果。

```
*主程序 Main.Prg
SET TALK OFF
PUBLIC a , b
a=1
DO Sub1
? a
b=1
k=1
DO  Sub2
? b
? k
SET TALK ON
RETURN

*子程序 Sub1.prg
a=a+1
RETURN
*子程序 Sub2.prg
PRIVATE b
b=3
k=k+1
DO Sub3
RETURN
*子程序 Sub3.prg
k=k+2
RETURN
```

第 7 章

SQL 关系数据库查询语言

第一部分 上 机 指 导

一、实验目的

1. 掌握 SQL 数据定义语言的相关命令及应用。

2. 掌握 SQL 数据查询语言的相关命令及应用。

3. 掌握 SQL 数据操纵语言的相关命令及应用。

二、知识介绍

1．SQL 数据定义语言

本节将主要介绍一下 Visual FoxPro 支持的基本表定义功能，它由 CREATE、ALTER 和 DROP 命令组成。

（1）创建基本表

格式：CREATE TABLE <基本表名>(<列名><数据类型>[,<列名><数据类型>[列级完整性约束条件]]…[,<表级完整性约束条件>])

功能：创建一个基本表。

说明：如果完整性约束条件涉及该表的多个属性列，则必须将其定义在表级上，否则可以定义在列级上也可以定义在表级上。

（2）修改基本表

① 增加属性列。

格式：ALTER TABLE <基本表名> ADD <列名><数据类型>[完整性约束]

功能：该格式可以添加（ADD）新的属性列。

② 修改属性列。

格式：ALTER TABLE <基本表名> ALTER <列名><数据类型>[完整性约束]

功能：修改已有的属性列。

③ 删除属性列。

格式：ALTER TABLE <基本表名> DROP <列名> | DROP<完整性约束>|ADD <完整性约束>| RENAME <列名> TO <新列名>

功能：该命令格式可以删除属性列、可以修改属性列名，可以定义、修改和删除表一级的完整性约束等。

说明：

    DROP <列名> 删除属性列。

    DROP<完整性约束> 删除表一级的完整性约束。

    ADD <完整性约束> 定义表一级的完整性约束。

    RENAME <列名> TO <新列名> 更改属性名。

（3）删除基本表

格式：DROP TABLE TableName

功能：直接从磁盘上删除 TableName 所对应的 dbf 文件

说明：

执行了 DROP TABLE 之后，所有与被删除表有关的主索引，默认值，验证规则都将丢失。如果 TableName 是数据库中的表并且相应的数据库是当前数据库，则从数据库中删除了表；否则虽然从磁盘上删除了 dbf 文件，但是在数据库中（记录在 dbc 文件中）的信息却没有删除，此后会出现错误提示。所以要删除数据库中的表时，最好在数据库中进行操作。

2. SQL 数据查询语言

格式：SELECT [ALL | DISTINCT] <列名>[,<列名>]…
       FROM <基本表名或视图名>[,<基本表名或视图名>]…
       [WHERE<逻辑表达式>]
       [GROUP BY <表达式1> [HAVING <逻辑表达式>]]
       UNION [ALL] <另一个查询语句>
       [ORDER BY <表达式2> [ASC | DESC]]

功能：用于单表或多表查询。

说明：

SELECT 子句 指定在查询结果中包含的字段、常量和表达式。

FROM 子句 指定查询所涉及的关系。

WHERE 子句 指定查询的逻辑条件。

GROUP BY 按表达式1的值对查询结果的行进行分组。

UNION 把一个查询语句的最后查询结果同另一个查询语句最后查询结果组合起来。

ORDER BY 按表达式2的值对查询结果的行进行排序。

3. SQL 数据操纵语言

（1）数据插入

① SQL 插入命令标准格式。

格式：INSERT INTO <基本表名> [(<列名>[,<列名>]…)]
       VALUES (<表达式> [,<表达式>]…)

功能：在表尾追加一个包含指定属性列的记录。

② SQL 插入命令 Visual FoxPro 的特殊格式。

格式：INSERT INTO <基本表名> FROM ARRAY <数组名> | FROM MEMVAR

功能：在表尾追加一个包含指定属性列的记录。

说明：FROM ARRAY ArrayName 指定一个数组，数组中的数据将被插入到新记录中。

FROM MEMVAR 内存变量的内容插入到与它同名的字段中。

（2）数据更新

格式：UPDATE <基本表名>
　　　　SET <列名> = <表达式> [,<列名>=<表达式>]...
　　　　[WHERE <逻辑表达式>]

功能：以新值更新表中的记录。

（3）数据删除

格式：DELETE
　　　　FROM <基本表名>
　　　　[WHERE <逻辑表达式>]

功能：删除表中的记录。

说明：

在 Visual FoxPro 中 SQL DELETE 命令同样只是逻辑删除记录，如果要物理删除记录需要继续使用 PACK 命令。

三、实验示例

1. SQL 数据定义语言相关命令的应用

【例 7.1】用命令建立学生信息管理数据库和数据库中的基本表，其中学生信息管理数据库（xsxxgl.dbc）中有 4 个基本表：学生基本情况表（xsxx.dbf）、学生成绩表（xscj.dbf）、课程名表（kcm.dbf）和用户密码表（yhmm.dbf）。

操作步骤如下：

（1）创建学生信息管理数据库

```
set default to D:\实验第 7 章例题\mydata
CREATE DATABASE xsxxgl.dbc
```

（2）创建学生基本情况表，设置 "xh" 字段为主索引关键字

```
CREATE TABLE xsxx;
(xh C(14) PRIMARY KEY,xm C(8),xb C(2),csrq D,;
jg C(8), tyf L,zp G, bz M)
```

（3）创建学生成绩表。

```
CREATE TABLE xscj;
(xh C(14),kch C(6),cj N(5,1))
```

（4）创建课程名表，设置 "kch" 字段为主索引关键字

```
CREATE TABLE kcm;
(kch C(6)  PRIMARY KEY, kcm C(20), xs N(3,0), xf N (3,1))
```

（5）创建用户密码表

```
CREATE TABLE yhmm (yhm C(5) , mm C(8))
```

【例 7.2】为用户密码表增加一个权限字段，字段类型为数值型，长度为 1。

```
ALTER TABLE yhmm ADD COLUMN qx N(1,0)
```

【例 7.3】修改或定义学生基本情况表和课程名表中字段的有效性规则,要求学生基本情况表中 "xh" 字段值和课程名表中 "kch" 字段值长度不能为 0。

（1）修改或定义学生基本情况表字段的有效性规则

```
ALTER TABLE xsxx ALTER xh SET CHECK LEN(ALLTRIM(xh))>0;
ERROR "学号不能为空"
```

（2）修改或定义课程名表字段的有效性规则

```
ALTER TABLE kcm ALTER kch SET CHECK LEN(ALLTRIM(kch))>0;
ERROR "课程号不能为空"
```

【例 7.4】将学生成绩表 "xh" 字段定义外部索引关键字，索引标识名为 "xh"，建立与学生基本情况表之间的关系。

```
ALTER TABLE xscj ADD FOREIGN KEY xh TAG xh REFERENCES xsxx
```

【例 7.5】将学生成绩表 "kch" 字段定义外部索引关键字，索引标识名为 "kch"，建立与课程名表之间的关系。

```
ALTER TABLE xscj ADD FOREIGN KEY kch TAG kch REFERENCES kcm
```

完成例 7.1～例 7.5 后，学生信息管理数据库中的数据表之间的关系如图 7-1 所示。

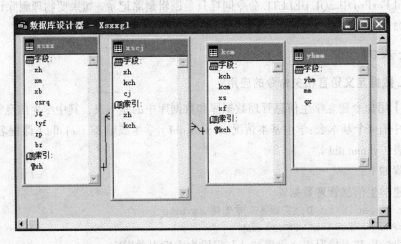

图 7-1　学生信息管理数据库中的数据表之间的关系

2. SQL 数据操纵语言相关命令的应用

【例 7.6】向学生情况表添加 8 条记录，在浏览器中查看如图 7-2 所示。

操作步骤如下：

（1）用 SQL 插入命令标准格式向学生情况表添加 1 条记录

```
INSERT INTO xsxx (xh,xm,xb,csrq,jg,tyf, bz);
VALUES ("200702201201 01","张小妞","女",{^1987-10-18},"江西",.T.,;
"2007 年荣获数学竞赛第一名")
```

Xsxx

Xh	Xm	Xb	Csrq	Jg	Tyf	Zp	Bz
20070220120101	张小妞	女	10/18/87	江西	T	Gen	Memo
20070220120102	欧阳长征	男	05/06/88	湖南	T	Gen	Memo
20070220120103	王小丽	女	12/10/86	浙江	F	Gen	Memo
20070220120104	孙小钢	男	10/02/89	湖北	T	Gen	Memo
20070220120201	赵蓉蓉	女	02/05/88	广东	T	Gen	Memo
20070220120202	李虎	男	04/07/87	浙江	F	Gen	Memo
20070220120203	周美丽	女	03/23/85	广东	T	Gen	Memo
20070220120204	胡小花	女	09/06/87	浙江	T	Gen	Memo

图 7-2　学生情况表

（2）用 Visual FoxPro 中的 APPEND GENERAL 将通用字段 zp 的值添加到数据表

```
APPEND GENERAL zp from "images\11.bmp"
```

其余 7 条记录插入命令类似，此处省略。

【例 7.7】向学生成绩表添加 8 条记录，在浏览器中查看如图 7-3 所示。

```
INSERT INTO xscj;
VALUES ("20070220120101","410001",80)
```

其余 7 条记录插入命令类似，此处省略。

【例 7.8】用数组向课程名表添加 4 条记录，在浏览器中查看如图 7-4 所示。

Xscj

Xh	Kch	Cj
20070220120101	410001	80.0
20070220120101	410002	78.0
20070220120101	410003	73.0
20070220120101	410004	56.0
20070220120102	410002	65.0
20070220120102	410003	88.0
20070220120102	410004	86.0
20070220120201	410001	90.0
20070220120202	410001	85.0

图 7-3　学生成绩表

Kcm

Kch	Kcm	Xs	Xf
410001	计算机文化基础	24	2.0
410002	操作系统	64	4.0
410003	高等数学	56	3.5
410004	信息安全	40	3.0

图 7-4　课程名表

```
DIMENSION A(4)
A(1)=" 410001"
A(2)="计算机文化基础"
A(3)=24
A(4)=2.0
INSERT INTO kcm FROM ARRAY A
```

其余 3 条记录插入命令类似，此处省略。

【例 7.9】利用内存变量向用户密码表添加记录。

```
yhm="WANG"
mm="W"
qx=1
INSERT INTO yhmm FROM MEMVAR
```

【例 7.10】将用户密码表中用户名为“WANG”的记录的密码改为“!@#$%”，权限改为 2。

```
UPDATE yhmm SET mm="!@#$%",qx=2 WHERE yhm="WANG"
```

3．SQL 数据查询语言相关命令的应用

【例 7.11】查询学生基本情况表中的全体男学生的学号、姓名、性别和籍贯。

```
SELECT xh AS 学号,xm AS 姓名,xb AS 性别,jg AS 籍贯;
FROM xsxx  WHERE xb="男"
```

执行后查询结果如图 7-5 所示。

【例 7.12】查询学生基本情况表中学生的籍贯，在结果中去掉重复值。

```
SELECT DISTINCT jg AS 籍贯 FROM xsxx
```

执行后查询结果如图 7-6 所示。

学号	姓名	性别	籍贯
20070220120102	欧阳长征	男	湖南
20070220120104	孙小钢	男	湖北
20070220120202	李虎	男	浙江

图 7-5　例 7.11 的查询结果

籍贯
广东
湖北
湖南
江西
浙江

图 7-6　例 7.12 的查询结果

【例 7.13】查询学生的学号、姓名、课程名和成绩，并将查询结果保存到临时表中。

```
select xsxx.xh AS 学号 ,XM AS 姓名,kcm AS 课程名,cj AS 成绩;
from  xsxx, xscj, kcm ;
where xsxx.xh=xscj.xh and kcm.kch=xscj.kch into cursor Temptable
```

将临时表在浏览器中打开，如图 7-7 所示。

【例 7.14】查询学生的学号、姓名，计算他们的平均成绩，并按姓名降序排列。

执行后查询结果如图 7-8 所示。

学号	姓名	课程名	成绩
20070220120101	张小妞	计算机文化基础	80.0
20070220120101	张小妞	操作系统	78.0
20070220120101	张小妞	高等数学	73.0
20070220120101	张小妞	信息安全	56.0
20070220120102	欧阳长征	操作系统	65.0
20070220120102	欧阳长征	高等数学	88.0
20070220120102	欧阳长征	信息安全	86.0
20070220120201	赵春春	计算机文化基础	90.0
20070220120202	李虎	计算机文化基础	85.0

图 7-7　临时表 Temptable

学号	姓名	平均成绩
20070220120201	赵春春	90.00
20070220120101	张小妞	71.75
20070220120102	欧阳长征	79.67
20070220120202	李虎	85.00

图 7-8　例 7.14 的查询结果

```
select xsxx.xh AS 学号,XM AS 姓名, AVG(cj) AS 平均成绩;
from  xsxx, xscj;
where xsxx.xh=xscj.xh;
GROUP BY xm;
ORDER BY xm DESC
```

【例 7.15】查询至少选了 2 门课的学生的学号、姓名，计算他们的平均成绩和总学分。

执行后查询结果如图 7-9 所示。

```
select xsxx.xh AS 学号,XM AS 姓名, COUNT(*) AS 课程数, AVG(cj) AS 平均成绩,;
SUM(xf) AS 总学分 from xsxx, xscj, kcm ;
where xsxx.xh=xscj.xh and kcm.kch=xscj.kch;
GROUP BY xm HAVING COUNT(*) >= 2
```

【例 7.16】查询比欧阳长征某门课程成绩高的其他学生的姓名、籍贯、课程名、成绩。执行后查询结果如图 7-10 所示。

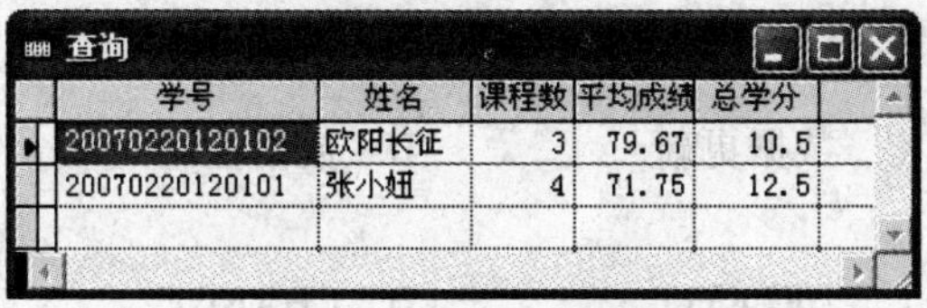

图 7-9　例 7.15 的查询结果

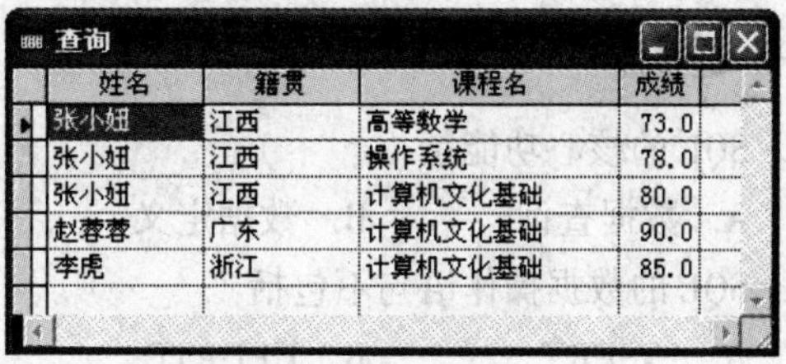

图 7-10　例 7.16 的查询结果

```
SELECT A1.xm AS 姓名,A1.jg AS 籍贯, kcm AS 课程名,cj AS 成绩;
FROM xsxx AS A1, xscj AS B1,kcm AS C;
WHERE A1.xh=B1.xh AND C.kch=B1.kch AND B1.cj>ANY;
    ( SELECT B2.cj FROM xsxx AS A2, xscj AS B2 ;
WHERE A2.xh=B2.xh AND A2.xm="欧阳长征") ;
AND A1.xm != "欧阳长征"
```

【例 7.17】查询比欧阳长征某门课程成绩高或籍贯是湖北的其他学生的姓名、籍贯，在结果中去掉重复值，并按籍贯升序排列。执行后查询结果如图 7-11 所示。

```
SELECT A1.xm AS 姓名,A1.jg AS 籍贯;
FROM xsxx AS A1, xscj AS B1;
WHERE A1.xh=B1.xh AND B1.cj > ANY;
    ( SELECT B2.cj FROM xsxx AS A2, xscj AS B2 ;
      WHERE A2.xh=B2.xh AND A2.xm="欧阳长征") ;
        AND A1.xm != "欧阳长征";
UNION ;
SELECT C.xm AS 姓名,C.jg AS 籍贯;
FROM xsxx AS C;
WHERE C.jg="湖北" AND C.xm != "欧阳长征";
ORDER BY 2 ASC
```

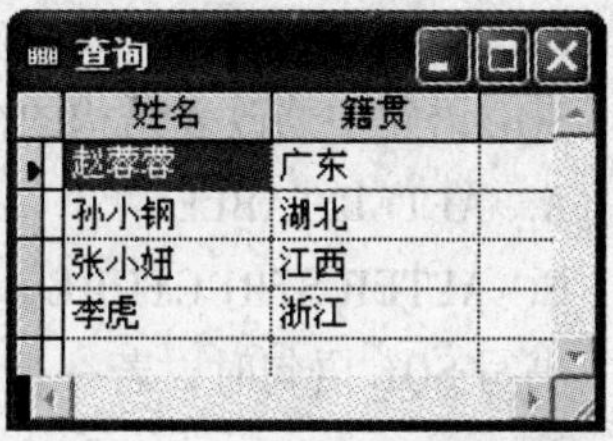

图 7-11　例 7.17 的查询结果

注意：在 Visual FoxPro 中，UNION 和 ORDER BY 同时使用时，ORDER BY 后的表达式不能是字段名，只能用数字，含义是第几个字段；默认情况下，UNION 检查组合的结果并排除重复的行。

四、上机实验

1. 用命令建立学生信息管理数据库和数据库中的基本表，其中学生信息管理数据库（xsxxgl.dbc）中有 4 个基本表：学生基本情况表（xsxx.dbf）、学生成绩表（xscj.dbf）、课程名表（kcm.dbf）和用户密码表（yhmm.dbf），并建立表之间的关系（见例 7.1～例 7.5）。

2. 向学生基本情况表、学生成绩表、课程名表和用户密码表添加记录（见例 7.6～例 7.10）。

3. 在学生信息管理数据库中操作，用查询命令完成以下功能：

① 按"学号"降序显示"xsxx.dbf"中的所有记录，为查询输出中的列指定中文显示名。

② 查询学生的学号、姓名、课程名和成绩，并将查询结果保存到临时表中。

③ 查询一门课程也没选的学生的学号、姓名。

④ 查询与欧阳长征的籍贯相同的学生姓名、课程名和成绩。

第二部分 习 题

一、选择题

1. SQL 的核心功能是（　　）。
   A. 数据查询　　　　B. 数据定义　　　　C. 数据更新　　　　D. 数据控制

2. SQL 的数据操作语句不包括（　　）。
   A. INSERT　　　　B. UPDATE　　　　C. DELETE　　　　D. CHANGE

3. "图书"表中有字符型字段"图书号"。要求用 SQL DELETE 命令将图书号以字母 A 开头的图书记录全部打上删除标记,正确的命令是（　　）。
   A. DELETE FROM 图书 FOR 图书号 LIKE "A%"
   B. DELETEFROM 图书 WHILE 图书号 LIKE "A*"
   C. DELETE FROM 图书 WHERE 图书号="A*"
   D. DELETE FROM 图书 WHERE 图书号 LIKE "A%"

4. SQL 语句建立表时为属性定义主关键字应在 SQL 语句中使用短语（　　）。
   A. foreign key　　　B. primary key　　　C. UNIQUE　　　D. CHECK

5. SQL 语句中修改表结构的命令是（　　）。
   A. ALTER TABLE　　　　　　　　B. MODIFY TABLE
   C. ALTER STRUCTURE　　　　　　D. MODIFY STRUCTURE

6. 书写 SQL 语句时,若一行写不完,需要写在多行,在行的末尾要加续行符（　　）。
   A. :　　　　　　B. ;　　　　　　C. ,　　　　　　D. "

7. 使用 SQL 命令删除表一级的完整性约束,应使用短语（　　）。
   A. DROP　　　　B. ALTER　　　　C. ADD　　　　D. MODIFY STRUCTURE

8. 假设"订单"表中有订单号、职员号、客户号和金额字段,正确的 SQL 语句只能是（　　）。
   A. SELECT 职员号 FROM 订单;
      GROUP BY 职员号 HAVING COUNT(*)>3 AND AVG_金额>200
   B. SELECT 职员号 FROM 订单;
      GROUP BY 职员号 HAVING COUNT(*)>3 AND AVG(金额)>200
   C. SELECT 职员号 FROM 订单;
      GROUP,BY 职员号 HAVING COUNT(*)>3 WHERE AVG(金额)>200
   D. SELECT 职员号 FROM 订单;
      GROUP BY 职员号 WHERE COUNT(*)>3 AND AVG_金额>200

9. 要使"产品"表中所有产品的单价上浮 8%,正确的 SQL 命令是（　　）。
   A. UPDATE 产品 SET 单价=单价+单价*8% FOR ALL
   B. UPDATE 产品 SET 单价=单价*1.08 FOR ALL
   C. UPDATE 产品 SET 单价=单价+单价*8%
   D. UPDATE 产品 SET 单价=单价*1.08

10. 查询金额最大的那 10%订单的信息。正确的 SQL 语句是（　　　）。
    A. SELECT * TOP 10 PERCENT FROM 订单
    B. SELECT TOP 10% * FROM 订单 ORDER BY 金额
    C. SELECT * TOP 10 PERCENT FROM 订单 ORDER BY 金额
    D. SELECT TOP 10 PERCENT * FROM 订单 ORDER BY 金额 DESC

11. 显示没有签订任何订单的职员信息（职员号和姓名），正确的 SQL 语句是（　　　）。
    A. SELECT 职员.职员号，姓名 FROM 职员 JOIN 订单；
       ON 订单.职员号=职员.职员号 GROUP BY 职员.职员号 HAVING COUNT（*）=0
    B. SELECT 职员.职员号，姓名 FROM 职员 LEFT JOIN 订单；
       ON 订单.职员号=职员.职员号 GROUP BY 职员.职员号 HAVING COUNT（*）=0
    C. SELECT 职员号，姓名 FROM 职员；
       WHERE 职员号 NOT IN （SELECT 职员号 FROM 订单）
    D. SELECT 职员.职员号，姓名 FROM 职员；
       WHERE 职员.职员号<>（SELECT 订单.职员号 FROM 订单）

12. 从订单表中删除客户号为"1001"的订单记录，正确的 SQL 语句是（　　　）。
    A. DROP FROM 订单 WHERE 客户号='1001'
    B. DROP FROM 订单 FOR 客户号='1001'
    C. DELETE FROM 订单 WHERE 客户号='1001'
    D. DELETE FROM 订单 FOR 客户号='1001'

13. 将订单号为"0060"的订单金额改为 169 元，正确的 SQL 语句是（　　　）。
    A. UPDATE 订单 SET 金额=169 WHERE 订单号='0060'
    B. UPDATE 订单 SET 金额 WITH 169 WHERE 订单号='0060'
    C. UPDATE FROM 订单 SET 金额=169 WHERE 订单号='0060'
    D. UPDATE FROM 订单 SET 金额 WITH 169 WHERE 订单号='0060'

14. 在 SQL SELECT 语句中为了将查询结果存储到临时表应该使用短语是（　　　）。
    A. TO CURSOR　　　　B. INTO CURSOR　　　　C. INTO DBF　　　　D. TO DBF

15. SQL 的 SELECT 语句中，"HAVING<条件表达式>"用来筛选满足条件的（　　　）。
    A. 列　　　　　　　B. 行　　　　　　　C. 关系　　　　　　　D. 分组

16. 设有关系 SC(SNO,CNO,GRADE),其中 SNO、CNO 分别表示学号、课程号（两者均为字符型），GRADE 表示成绩（数值型），若要把学号为"S101"的同学，选修课程号为"C11",成绩为 98 分的记录插到表 SC 中，正确的语句是（　　　）。
    A. INSERT INTO SC(SNO,CNO,GRADE) valueS ('S101','C11','98')
    B. INSERT INTO SC(SNO,CNO,GRADE) valueS (S101, C11, 98)
    C. INSERT ('S101','C11','98') INTO SC
    D. INSERT INTO SC valueS ('S101','C11',98)

17. 在 SELECJ 语句中，以下有关 HAVING 语句的正确叙述是（　　　）。
    A. HAVING 短语必须与 GROUP BY 短语同时使用
    B. 使用 HAVING 短语的同时不能使用 WHERE 短语

C. HAVING 短语可以在任意的一个位置出现

D. HAVING 短语与 WHERE 短语功能相同

18. 在 SQL 的 SELECT 查询的结果中,消除重复记录的方法是（　　　）。

    A. 通过指定主索引实现　　　　　　　　　B. 通过指定唯一索引实现

    C. 使用 DISTINCT 短语实现　　　　　　　D. 使用 WHERE 短语实现

19. 下列查询空值的命令正确的一项是（　　　　）。

    A. = NULL　　　　　　　B. NULL　　　　　C. IS NULL　　　　　　D. SELECT NULL

20. 嵌套查询命令中的 IN 相当于（　　　　）。

    A. =　　　　　　　　　　B. +　　　　　　　C. −　　　　　　　D. 集合运算符 ∈

21. 在 SQL 的查询语句中，实现关系的投影操作的短语为（　　　　）。

    A. FROM　　　　　　　B. SELECT　　　　　C. JOIN…ON　　　　　D. WHERE

22～30 题采用的数据表示：学生基本情况表（xsxx.dbf）、学生成绩表（xscj.dbf）、课程名表（kcm.dbf）

22. 检索选修所有 1987 年 4 月 7 日以后（含）出生、性别为男的学生,正确的 SQL 命令是（　　　　）。

    A. SELECT * FROM xsxx WHERE csrq >= {^1987−04−07} AND xb="男"

    B. SELECT * FROM xsxx WHERE csrq <= {^1987−04−07} AND xb="男"

    C. SELECT * FROM xsxx WHERE csrq >= {^1987−04−07} OR xb="男"

    D. SELECT * FROM xsxx WHERE csrq <= {^1987−04−07} OR xb="男"

23. 检索选修张小妞同学选修的所有课程的平均成绩,正确的 SQL 命令是（　　　　）。

    A. SELECT AVG(cj) FROM xsxx WHERE xm="张小妞"

    B. SELECT AVG(cj) FROM xsxx,xscj WHERE xsxx.xh=xscj.xh AND xm="张小妞"

    C. SELECT AVG(cj) FROM xsxx,xscj WHERE xm="张小妞"

    D. SELECT AVG(cj) FROM xsxx,xscj WHERE xsxx.xm="张小妞"

24. 假定学号的第 11、12 位为班级代码，要计算各班学生选修课程号为"410001"课程的平均成绩，正确的 SQL 命令是（　　　　）。

    A. SELECT SUBSTR(xh,11,2) AS 班级,AVG(cj) AS 平均分 FROM xscj;

        WHERE kch="410001" GROUP BY 1

    B. SELECT 班级 AS SUBSTR(xh,11,2), 平均分 AS AVG(cj) FROM xscj;

        WHERE kch="410001" GROUP BY 班级

    C. SELECT SUBSTR(xh,11,2) AS 班级,AVG(cj) AS 平均分 FROM xscj;

        WHERE kch="410001" ORDER BY 1

    D. SELECT 班级 AS SUBSTR(xh,11,2), 平均分 AS AVG(cj) FROM xscj;

        WHERE kch="410001" ORDER BY 班级

25. 检索选修的至少一门课程的成绩高于或等于 85 分的学生的学号、姓名和性别,正确的 SQL 命令是（　　　　）。

    A. SELECT xh,xm,xb FROM xsxx WHERE EXIST ;

        (SELECT* FROM xscj WHERE xsxx.xh=xscj.xh AND cj<=85)

    B. SELECT xh,xm,xb FROM xsxx WHERE NOT EXIST ;

(SELECT* FROM xscj WHERE xsxx.xh=xscj.xh AND cj<=85)

C.　SELECT xh,xm,xb FROM xsxx WHERE EXIST ;

(SELECT* FROM xscj WHERE xsxx.xh=xscj.xh AND cj>=85)

D.　SELECT xh,xm,xb FROM xsxx WHERE NOT EXIST ;

(SELECT* FROM xscj WHERE xsxx.xh=xscj.xh AND cj<85) AND EXIST ;

(SELECT* FROM xscj WHERE xsxx.xh=xscj.xh)

26.　检索选修的每门课程的成绩都高于或等于 85 分的学生的学号、姓名和性别，正确的 SQL 命令是（　　　　）。

A.　SELECT xh,xm,xb FROM xsxx WHERE EXIST ;

(SELECT* FROM xscj WHERE xsxx.xh=xscj.xh AND cj<=85)

B.　SELECT xh,xm,xb FROM xsxx WHERE NOT EXIST ;

(SELECT* FROM xscj WHERE xsxx.xh=xscj.xh AND cj<=85)

C.　SELECT xh,xm,xb FROM xsxx WHERE EXIST ;

(SELECT* FROM xscj WHERE xsxx.xh=xscj.xh AND cj>=85)

D.　SELECT xh,xm,xb FROM xsxx WHERE NOT EXIST ;

(SELECT* FROM xscj WHERE xsxx.xh=xscj.xh AND cj<85) AND EXIST;

(SELECT* FROM xscj WHERE xsxx.xh=xscj.xh)

27.　为学生基本情况表（xsxx.dbf）增加一个字段"szxy"的 SQL 语句是（　　　　）。

A.　ALTER TABLE xsxx ADD szxy C(20)

B.　ALTER TABLE xsxx ADD szxy C 20

C.　CHANGE TABLE xsxx ADD szxy C(20)

D.　ALTER TABLE xsxx DROP szxy

28.　与"SELECT * FROM xscj WHERE NOT (cj>90 OR cj<80)"等价的 SQL 语句是（　　　　）。

A.　SELECT * FROM xscj WHERE cj BETWEEN 90 AND 80

B.　SELECT * FROM xscj WHERE cj BETWEEN 80 AND 90

C.　SELECT * FROM xscj WHERE cj<90 AND cj>80

D.　SELECT * FROM xscj WHERE cj<90 OR cj>80

29.　删除学生基本情况表中"xh"字段的有效性规则，并设置"jg"字段的默认值为"江西"，正确的 SQL 语句是（　　　　）。

A.　ALTER TABLE xsxx ALTER xh DROP CHECK ;

ALTER jg SET DEFAULT "江西"

B.　ALTER TABLE xsxx ALTER xh CHECK ;

ALTER jg SET DEFAULT "江西"

C.　ALTER TABLE xsxx ALTER xh SET CHECK LEN(ALLTRIM(xh))>0 ;

ALTER jg SET DEFAULT "江西"

D.　ALTER TABLE xsxx DROP xh;

ALTER jg SET DEFAULT "江西"

30. 与"SELECT DISTINCT xh FROM xscj WHERE cj >= ALL;(SELECT cj FROM xscj WHERE RIGHT(xh,1)="2")"等价的 SQL 语句是（　　　　）。

A. SELECT DISTINCT C1.xh FROM xscj C1 WHERE C1.cj >=;
(SELECT MAX(C2.cj) FROM xscj C2 WHERE RIGHT(C2.xh,1)="2")

B. SELECT DISTINCT xh FROM xscj WHERE cj >=;
(SELECT MIN(cj) FROM xscj WHERE RIGHT(xh,1)="2")

C. SELECT DISTINCT xh FROM xscj WHERE cj >=ANY;
(SELECT MAX(cj) FROM xscj WHERE RIGHT(xh,1)="2")

D. SELECT DISTINCT xh FROM xscj WHERE cj >=SOME;
(SELECT MAX(cj) FROM xscj WHERE RIGHT(xh,1)="2")

二、填空题

1. SQL 可以_____交互使用，也可以_____使用。

2. 在 SQL 中，查询空值时要使用_____，而不能用_____。

3. SQL 中用于查询计算的函数有 SUM、_____、_____、_____和_____。

4. 将查询结果存放到临时文件中，可以使用_____短语。

5. 在一般 SQL 中，连接运算符是_____和_____。

6. SQL 支持集合的并运算，其运算符是_____。

7. 在 SQL 的 SELECT 语句中，定义一个区_____间范围的谓词是_____。

8. 结构化查询语言 SQL 是_____的缩写。

9. 在 SQL 中，用命令可以从表中_____删除行，用_____命令可以从数据库中删除表。

10. SQL 查询命令中，短语 JOIN...ON 用来设置_____，实现_____表的操作。

11. SQL 修改表结构命令中，使用_____短语修改字段名，使用_____短语删除字段。

12. 在 SQL 中修改表结构的命令是_____，可以修改表中数据的命令是_____。

13. 在 SQL 中向表中追加记录的命令是，此命令可与利用_____、_____、_____3 种方式向表文件尾部追加记录。

14. SQL 语言的数据操纵功能包括数据的_____、_____和_____。

15. 在 SQL 的 SELECT 语句中，HAVING 子句不可以单独使用，总是跟在子句_____之后一起使用。

16. 在 SQL 的 SELECT 语句中，使用_____短语实现消除查询结果中的重复记录。

第 **8** 章

查询与视图

第一部分 上机指导

一、实验目的

1. 掌握查询的创建方法。

2. 掌握视图的创建方法。

二、知识介绍

1. 查询

查询可以使用户从临时表、自由表、数据库表或视图中提取所需的数据，创建的查询可以磁盘文件的形式存放，文件的扩展名为.qpr。

利用"查询向导"或"查询设计器"可以创建查询。Visual FoxPro 6.0 允许查询结果以不同形式输出，如浏览、临时表、表、图形、屏幕、报表、标签等 7 种去向，默认为将查询结果显示在浏览窗口中。

2. 视图

视图是一个或多个数据表中导出的"虚表"。视图依赖于某个数据库而存在，视图中的数据取自于数据库中的表，在数据库中只存储视图的定义，视图的数据依然存储在原来的数据库表中。

视图可以分为本地视图和远程视图。视图可以从本地表、其他视图、存储在服务器上的表或远程数据源中创建。

利用"视图设计器"创建视图，"视图设计器"包含 7 个选项卡。

（1）字段

选择在视图结果中看到的字段。

（2）连接

在创建多表视图时，用来设置表间的连接条件。连接类型有 4 种：

① 内部连接：表示在视图结果中，列出关联表中满足关联条件的记录，是系统默认类型。

② 左连接：表示在视图结果中，列出"父表"中的所有记录以及"子表"中所选字段相匹配的记录。

③ 右连接：表示在视图结果中，列出"子表"中的所有记录以及"父表"中所选字段相匹配的记录。

④ 完全连接：表示在视图结果中，根据所选字段列出两关联表中的所有记录。

（3）筛选

设置输出记录所需要满足的条件。

（4）排序依据

设置视图结果是按某一个或几个字段、升序或降序排列。

（5）分组依据

分组，是将一组类似的记录压缩成一个结果记录，这样可以完成基于一组的计算。从"可用字段"列表框中选择参加分组的字段到"分组字段"列表框中，此时还可以选择"满足条件"。

（6）更新条件

用于在视图中更新数据。其中选项含义如下：

① 表：用于指定视图所使用的哪些表可以接受更新。系统会把所选表的所有字段显示在"字段名"列表框中。

② 重置关键字：用于从每个表中选择主关键字字段作为视图的关键字段。每个主关键字字段是在"字段名"列表中、在钥匙图标下面、选中复选框的字段。

③ 全部更新：用于设置除了关键字字段以外的所有字段可以更新。每个可更新字段是在"字段名"列表中、在铅笔图标下面、选中复选框的字段。

④ 发送 SQL 更新：指定是否将视图记录中的修改传送到原始表。如果选中了这个复选框，将把在视图中对记录的修改返回到源表中。

⑤ 字段名：显示从"表"列表中所选的表中字段、并用来输出的字段。可以单击其左侧，选择是否为关键字字段或更新字段。

⑥ SQL WHERE 子句包括：有多个选项，都是针对远程表的。

⑦ 使用更新：用于指定字段如何在后端服务器上进行更新。

⑧ 杂项：用于选择要输出的记录。

3. 查询与视图的区别

① 视图相当于将查询送至一个表中，与普通表不同的是它只能存在于数据库中，不能独立存在。查询是完全独立的，不依附于任何数据库和表而存在。

② 视图是可以更新的，而查询则不行。查询的任务是快速、准确地从大量的数据库信息中检索出所需要的信息，若想从本地或远程表中提取一组可以更新的数据，就需要使用视图。

③ 数据来源：视图的数据来源可以是本地表、其他视图或远程数据源；而查询不能访问远程数据源。

④ 数据引用：视图可以作为数据源被引用；而查询只能一次获得结果并输出，不能被引用。

⑤ 访问方式：视图只能以打开方式被访问；而查询除了以打开方式被访问，还可以通过命令窗口来访问。

⑥ 格式：视图只能作为数据表使用；而查询可以作为数据表、图表、报表、标签等多种格式。

三、实验示例

【例 8.1】在"学生信息系统管理"项目中,对数据库"学生信息"中的表 XSXX.dbf,创建查询"学生信息查询",要求查询性别为"女"的所有记录,并按"Xm"字段升序排列。

步骤如下:

① 进入"学生信息管理系统"项目管理器,选择"数据"选项卡,选择"查询"选项,单击"新建"按钮,则弹出如图 8-1 所示对话框。

② 在"新建查询"对话框中单击"查询向导"按钮,弹出"向导选取"对话框,如图 8-2 所示。

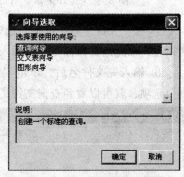

图 8-1 "新建查询"对话框   图 8-2 "向导选取"对话框

③ 在"向导选取"对话框中选择"查询向导"选项。弹出如图 8-3 所示对话框。

④ 选择"XSXX"表,在"可用字段"列表框中,把全部字段都添加到"选定字段"列表框。单击"下一步"按钮,弹出"字段筛选"对话框,如图 8-4 所示。

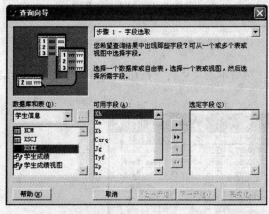

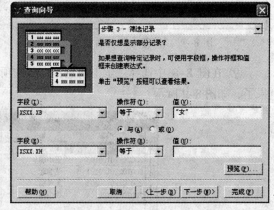

图 8-3 "字段选取"对话框   图 8-4 "筛选记录"对话框

⑤ 在"字段"下拉列表框中选择"XSXX.Xb"字段,然后在"操作符"下拉列表框中选择"等于"选项,在"值"文本框中输入"女"。单击"下一步"按钮,弹出如图 8-5 所示对话框。

⑥ 在"排序记录"对话框中,把 XSXX.Xm 添加到"选定字段"列表框中。单击"下一步"按钮,弹出"完成"对话框,如图 8-6 所示。

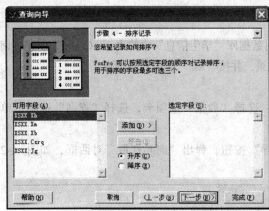 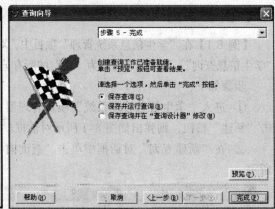

图 8-5 "排序记录"对话框   图 8-6 "完成"对话框

⑦ 在"完成"对话框中，选中"保存查询"单选按钮，单击"完成"按钮。弹出"另存为"对话框，在此选择保存位置，插入保存的文件名，如图 8-7 所示。

⑧ 输入完文件名后，单击"保存"按钮，这样，查询文件就在项目管理器下了，展开"查询"选项，就可以看到查询文件了，如图 8-8 所示。

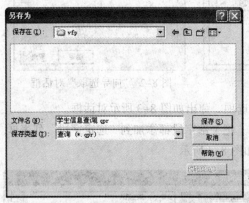 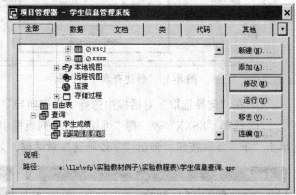

图 8-7 "另存为"对话框   图 8-8 查询"学生信息查询"

⑨ 在图 8-8 中选择"学生信息查询"选项，然后单击"运行"按钮，就可以查看查询的结果了，如图 8-9 所示。

Xh	Xm	Xb	Csrq	Jg	Tyf	Zp	Bz
20070220120101	张小妞	女	10/18/87	江西	T	Gen	Memo
20070220120103	王小丽	女	12/10/86	浙江	F	Gen	Memo
20070220120201	赵葶葶	女	02/05/88	广东	T	Gen	Memo
20070220120203	周美丽	女	03/23/85	广东	T	Gen	Memo
20070220120204	胡小花	女	09/06/87	浙江	T	Gen	Memo

图 8-9 查询结果

四、上机实验

1. 在"学生信息系统管理"项目中，对数据库"学生信息"中的表 XSXX.dbf，创建查询"学生信息查询"，要求查询性别为"男"的所有记录，并按"Xh"字段升序排列，要求输出字段。"XSXX.Xh"、"XSXX.Xm"、"XSXX.Xb"、"XSXX.Csrq"和"XSXX.Jg"。

2. 在"学生信息系统管理"项目中，对数据库"学生信息"中的表 XSXX.dbf 和 xscj.dbf，创建查询"学生成绩查询"，要求查询成绩大于 80，性别为"男"的所有记录，并按"Xh"字段升序排列，要求输出字段。"XSXX.Xh"、"XSXX.Xm"、"XSXX.Xb"、"XSCJ.Kch"和"XSCJ.Cj"。

3. 用"视图设计器"创建多表视图：数据来源 XSXX.dbf、xscj.dbf 和 kcm.dbf，要求列出所有成绩大于 80 分的男学生记录，字段包含"XSXX.Xh"、"XSXX.Xm"、"XSXX.Xb"、"XSCJ.Kch"、"XSCJ.Cj"和"KCM.Kcm"，并且按成绩升序排序。

第二部分　习　　题

一、选择题

1. 查询的数据源可以来自（　　　）。
   A. 临时表　　　　　　　B. 视图　　　　　　　C. 数据库表　　　　　　D. 以上均可

2. 查询设计器共有（　　　）个选项卡可以进行查询设置。
   A. 2　　　　　　　　　　B. 4　　　　　　　　　C. 6　　　　　　　　　　D. 8

3. 查询设计器的"排序依据"选项卡是用来（　　　）。
   A. 编辑连接条件　　　　　　　　　　　　B. 指定查询文件
   C. 分组　　　　　　　　　　　　　　　　D. 指定排序字段和排序方式

4. 默认查询的输出形式是（　　　）。
   A. 数据表　　　　　　　B. 浏览　　　　　　　C. 报表　　　　　　　　D. 图形

5. 查询文件中保存的是（　　　）。
   A. 查询的结果　　　　B. 查询的基表　　　C. 查询的条件　　　　D. 查询的命令

6. 在命令窗口输入（　　　）命令可以建立查询。
   A. MODIFY QUERY　　　　　　　　　　　B. EDIT QUERY
   C. CREATE QUERY　　　　　　　　　　　D. TYPE QUERY

7. 视图不能单独存在，必须依赖于（　　　）而存在。
   A. 视图　　　　　　　　B. 查询　　　　　　　C. 数据表　　　　　　　D. 数据库

8. 对于视图的使用，下列说法错误的是（　　　）。
   A. 利用视图可以更新数据表记录　　　　　B. 利用视图可以实现多表查询
   C. 视图可以产生磁盘文件　　　　　　　　D. 视图可以作为查询数据源

9. 以下关于视图的正确描述是（　　　）。
   A. 只能根据自由表建立视图　　　　　　　B. 只能根据查询表建立视图
   C. 只能根据数据库表建立视图　　　　　　D. 可以根据数据库表和自由表建立视图

10. 下面关于视图的叙述中，正确的是（　　　　）。

    A. 视图与数据库表相同，用来存储数据　　B. 视图不能同数据库表进行连接操作

    C. 在视图上不能进行更新操作　　　　　　D. 视图是从一个或多个数据库表导出的虚拟表

11. 对视图的更新是否反映在了数据表里，取决于在建立视图时是否在"更新条件"选项卡中选择了（　　　　）。

    A. 关键字段　　　　　　　　　　　　　B. SQL UPDATE

    C. 发送 SQL 更新　　　　　　　　　　　D. 同步更新

12. 下列说法中错误的是（　　　　）。

    A. 在数据库中，可以包含表、视图、查询以及表间永久关系

    B. 可以通过修改视图中的数据来更新数据源中的数据，但查询不可以

    C. 查询和视图都是用 SELECT–SQL 语言实现的，都要以数据表作为数据源

    D. 视图虽然具备了一般数据表的特征，但它本身并不是表

13. 下列关于查询与视图的区别，说法正确的是（　　　　）。

    A. 查询与视图的定义和功能完全相同

    B. 查询与视图的定义都保存在相应的文件中

    C. 查询与视图都只能读取数据表的数据

    D. 视图几乎可用于一切能使用表的地方，而查询不能

二、填空题

1. 查询设计器的"筛选"选项卡用来指定查询的＿＿＿＿＿＿＿＿。

2. 若要运行"查询.qpr"查询文件，可在命令窗口中输入＿＿＿＿＿＿＿＿。

3. 查询的定义保存在独立的＿＿＿＿＿＿＿＿中，而视图的定义保存在所属的＿＿＿＿＿＿＿＿中。

4. 查询＿＿＿＿＿＿＿＿修改查询记录，视图＿＿＿＿＿＿＿＿修改源表的数据。

5. 在数据库中存放的是视图的＿＿＿＿＿＿＿＿，而没有存放视图对应的＿＿＿＿＿＿＿＿。

6. 若要打开视图设计器修改视图，则可以使用＿＿＿＿＿＿＿＿命令。

7. 在查询设计器的选项卡中，用于指定查询条件的是＿＿＿＿＿＿＿＿选项卡。

8. 在查询设计器的选项卡中，用于指定是否要重复记录及列在前面的记录的是＿＿＿＿＿＿＿＿选项卡。

第 9 章

面向对象的程序设计

第一部分 上机指导

实验 表单设计

一、实验目的

1. 了解 Visual FoxPro 中面向对象方法的实现过程。
2. 掌握 Visual FoxPro 中类及对象的设计方法。
3. 掌握 Visual FoxPro 所涉及的可视化类的设计方法。
4. 掌握用"表单向导"和"表单设计器创建表单。

二、知识介绍

1. 对象

对象是反映客观事物属性及行为特征的描述，它是面向对象程序设计中的基本元素。对象的属性特征表示了对象的物理性质，对象的行为特征描述了对象可执行的行为动作。

2. 控件

控件是一种用以显示数据、执行操作的图形对象。

3. 类

（1）类是一组对象的属性和行为特征的抽象描述，即类是具有共同属性、共同操作性质的对象的集合。类是定义了对象特征及对象外观行为的模板，类是对象的抽象描述，对象是类的实例。

（2）类具有多态性、继承性和封装性。

（3）基类：Visual FoxPro 系统内部定义的类。用户可以直接使用它们，也可以作为自定义类的基础。基类分为容器类和控件类：

① 容器类可以包含其他对象，且允许访问这些对象。

② 控件类不可以包含其他对象，不能单独使用和修改，只能作为容器类中的一个元素，由容器类创建、修改或使用。

Visual FoxPro 的常用基类包括：CheckBox（复选框）、ComboBox（组合框）、CommandButton（命令按钮）、CommandGroup（命令按钮组）、Container（容器）、EditBox（编辑框）、Form（表单）、Grid（表格）、Hyperlink（超链接）、Image（图像框）、Label（标签框）、ListBox（列表框）、OptionGroup（选项按钮组）、PageFrame（页框）、Shape（形状）、Spinner（微调控件）、TextBox（文本框）、Timer（计时器）、ToolBar（工具栏）。

（4）类的创建

类创建完成之后存储在类库（.vcx）文件中，类的创建方法包括类设计器和编程方法。

4．属性

属性是用来描述对象特征的参数。属性是属于某个类的，不能独立于类而存在。派生出来的新类将继承基类和父类的全部属性。在 Visual FoxPro 系统中，各种对象拥有 70 多种属性。对象的属性可以在设计对象时定义，也可以在对象的事件代码中进行设置（即在运行阶段进行设置）。

Visual FoxPro 中最常用的属性包括：Alignment、AutoCenter、Autosize、BackColor、BackStyle、ButtonCount、Caption、ControlSource、Enabled、Fontname、Fontsize、ForeColor、Height、InputMask、Interval、KeyBoardHighValue、KeyBoardLowValue、Left、LinkMaster、Name、PasswordChar、Picture、RecordSource、RowSource、RowSourceType、Top、Value、Visible、Width。

5．事件

事件是每个对象识别和响应的一个动作。在 Visual FoxPro 系统中，对象可响应 50 多种事件，但每个事件都是系统预先规定的。多数情况下事件是通过用户的操作行为引发的。事件发生时将执行包含在事件过程中的全部代码。有的事件适用于某种控件，有的事件适用于多种事件。表 9-1 列出了 Visual FoxPro 系统的核心事件。

表 9-1　Visual FoxPro 系统的核心事件及触发方式

事 件 名	触 发 方 式	事 件 名	触 发 方 式
Click	按下并释放鼠标左键，或单击表单的空白区域	LostFocus	当对象失去焦点（Focus）时
DblClick	双击，选择列表框或组合框的选项并按【Enter】键	MouseDown	当按下鼠标键时
Destroy	释放对象时	MouseMove	当移动鼠标指针到对象上时
GotFocus	获得焦点时	MouseUp	当用户释放鼠标键时
Init	创建对象时	ProgrammatiChange	在程序代码中改变控件的值时
KeyPress	当用户按下并释放一个键时	RightClicl	当用户在控件中右击时
Load	创建对象前	Unload	释放对象时

6．方法

系统为对象内定的通用过程，能使对象执行一个操作。在 Visual FoxPro 系统中，对象可以实现 50 多种方法程序。创建对象后，可以从应用程序的任意位置调用已创建的方法。常用的方法包括：AddObject、Hide、NewObject、Refresh、Release、SetFocus、Show。

7. 表单设计

表单是 Visual FoxPro 程序，Visual FoxPro 提供两种表单设计工具——表单向导与表单设计器。

图 9-1　"向导选取"对话框

（1）表单向导能引导用户选定表来产生适用的表维护窗口，窗口中含有所选取的字段，还包含供用户操作的各种按钮，具有翻页、编辑、查找、打印等功能。

表单向导能产生两种表单。如图 9-1 所示，在向导选取对话框的列表中含有"表单向导"与"一对多表单向导"两个选项，前者适用于创建单表表单，后者适用于创建具有一对多关系的两个表的表单。

打开"向导选取"对话框的最简单方法是，在"工具"菜单的"向导"子菜单中选择"表单"命令。另一种方法是，选择"文件"菜单的"新建"命令，然后在"新建"对话框中选择"表单"选项，再单击"向导"按钮。

（2）表单设计器主要是用于设计新的表单，它由 9 个选项组成：

① 表单设计的基本步骤。

打开表单设计器→对象操作与编码→保存表单→运行表单。

a. 打开表单设计器：无论新建还是修改已有的表单，均可通过菜单操作或专用命令，或单击"常用"工具栏中的有关按钮来打开表单设计器。

b. 对象操作与编码：表单设计器打开后，有下列表单设计要素供用户使用：表单设计器窗口及表单窗口、属性窗口、代码编辑窗口、各种工具栏、数据环境设计器窗口、敏感菜单、快捷菜单。

c. 保存菜单：表单设计完成后，可以通过保存在扩展名为.scx 的表单文件和扩展名为.sct 的表单备注文件中。

d. 执行表单：运行表单可用 DO FORM 命令，不过表单文件及表单备注文件同时存在时方能执行表单。

② 创建快捷菜单。

表单菜单中有一个快速表单命令，它能在表单窗口中为当前表迅速产生选定的字段变量，这种设计方法用户干预少，速度较快，故简称快速表单。

③ 数据环境设计器。

数据环境泛指定义表单或表单集时适用的数据源，包括表、视图和关系。数据环境及其中的表与视图都是对象。数据环境一旦建立，当打开或运行表单时，其中的表或视图即自动打开，与数据环境是否显示出来无关；而在关闭或释放表单时，表或视图也能随之关闭。

数据环境设计器可用来可视化地创建或修改数据环境，打开数据环境设计器的方法是：打开表单设计器→选择表单的快捷菜单中的数据环境命令或选择显示菜单的数据环境命令。

④ 调整【Tab】键序。

用户可通过【Tab】键来移动表单内的光标位置。所谓【Tab】键序，就是连续按【Tab】键时光标经过表单中控件的顺序。

8. 对象引用

（1）对象引用原则通常用以下引用关键字开头：

Thisformset	表示当前表单集
Thisform	表示当前表单
This	表示当前对象

（2）引用格式

引用关键字后跟一个点号，再接被引用对象或对象的属性、事件或方法程序。

（3）引用方式

绝对引用方式和相对引用方式。

三、实验示例

【例 9.1】设计一个能移动记录指针功能的类 Mymove。

1. 设计步骤

在"新建类"对话框中完成以下任务：

在"类名"文本框中输入创建的新类名"mymove"→在"派生于"下拉列表框中选择基类名或父类名"CommandGroup"→在"存储于"文本框中输入类库名"……myclass"，如图 9-2 所示，→单击"确定"按钮，进入类设计器窗口。

2. 设计界面

类设计器窗口的设计界面如图 9-3 所示。

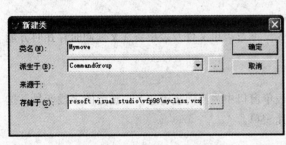

图 9-2 "新建类"对话框

图 9-3 设计界面

3. 属性设置

对象的属性设置如表 9-2 所示。

表 9-2 属性设置

对 象 名	属 性 名	属 性 值
mymove	ButtonCount	5
Command1	Caption	第一条记录
Command2	Caption	上一条记录

续表

对 象 名	属 性 名	属 性 值
Command3	Caption	下一条记录
Command4	Caption	最后一条记录
Command5	Caption	关闭

4．事件代码

（1）Command1 的 Click 事件代码

```
GO TOP
This.Parent.Command1.Enabled=.F.
This.Parent.Command2.Enabled=.F.
This.Parent.Command3.Enabled=.T.
This.Parent.Command4.Enabled=.T.
This.Parent.Command5.Enabled=.T.
Thisform.Refresh
```

（2）Command2 的 Click 事件代码

```
SKIP -1
IF BOF()
    =MESSAGEBOX("已是第一套记录",48,"信息窗口")
    This.Parent.Command1.Enabled=.F.
    This.Parent.Command2.Enabled=.F.
    This.Parent.Command3.Enabled=.T.
    This.Parent.Command4.Enabled=.T.
    This.Parent.Command5.Enabled=.T.
ELSE
    This.Parent.Command1.Enabled=.T.
    This.Parent.Command2.Enabled=.T.
    This.Parent.Command3.Enabled=.T.
    This.Parent.Command4.Enabled=.T.
    This.Parent.Command5.Enabled=.T.
ENDIF
Thisform.Refresh
```

（3）Command3 的 Click 事件代码

```
SKIP
IF EOF()
    =MESSAGEBOX("已是最后一条记录",48,"信息窗口")
    SKIP -1
    This.Parent.Command1.Enabled=.T.
    This.Parent.Command2.Enabled=.T.
    This.Parent.Command3.Enabled=.F.
    This.Parent.Command4.Enabled=.F.
    This.Parent.Command5.Enabled=.T.
ELSE
    This.Parent.Command1.Enabled=.T.
    This.Parent.Command2.Enabled=.T.
    This.Parent.Command3.Enabled=.T.
    This.Parent.Command4.Enabled=.T.
```

```
    This.Parent.Command5.Enabled=.T.
ENDIF
Thisform.Refresh
```

（4）Command4 的 Click 事件代码

```
IF  EOF()
    =MESSAGEBOX("已是最后一条记录",48,"信息窗口")
    This.Parent.Command1.Enabled=.T.
    This.Parent.Command2.Enabled=.T.
    This.Parent.Command3.Enabled=.F.
    This.Parent.Command4.Enabled=.F.
    This.Parent.Command5.Enabled=.T.
ELSE
    GOTO  BOTTOM
    This.Parent.Command1.Enabled=.T.
    This.Parent.Command2.Enabled=.T.
    This.Parent.Command3.Enabled=.T.
    This.Parent.Command4.Enabled=.T.
    This.Parent.Command5.Enabled=.T.
ENDIF
Thisform.Refresh
```

（5）Command5 的 Click 事件代码

```
a=MESSAGEBOX("你真的要退出吗？",4+16+0,"退出对话框")
IF  a=6
    Thisform.Release
ENDIF
```

四、上机实验

1. 将实验示例的实验代码改为命令按钮组的单击事件代码。

2. 设计一个新类 xhtoxm，如图 9-4 所示，用 Container 作为容器，存放在 myClass.vcx 类文件中，功能是在 TextXH 中输入学号及按【Enter】键后，到 xsxx 表中查找该学号对应的姓名，并在 TextXM 中显示。

3. 用表单向导创建一个对 xsxx.dbf 表进行浏览、修改的表单。

4. 建立一个表单，表单上有一个标签和一个命令按钮，如图 9-5 所示。要求标签显示的文字为"我的第一个表单"，字体为"隶书"，字号为 24，单击命令按钮可设置标签字体的颜色为红色。

图 9-4　新类 xhtoxm

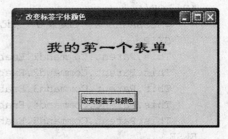

图 9-5　含标签和命令按钮的表单

5. 设计一个如图 9-6 所示的表单。在表单运行时，用户首先在文本框中输入学号，然后单击"查询统计"按钮，如果输入学号正确，则在表单右侧以表格形式显示该学生所选课程号和成绩，否则提示"该学号不存在，请重新输入学号"。单击"退出"按钮，则关闭表单。

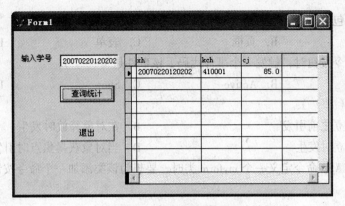

图 9-6　查询统计表单

6. 设计一个对表进行操作的通用子类，该类包含向前查看记录、先后查看记录、添加记录、删除记录 4 种功能。

第二部分　习　题

一、选择题

1. 下面关于类的描述中，错误的是（　　）。
   A. 一个类包含了相似的有关对象的特征和行为方法
   B. 类只是实例对象的抽象
   C. 类并不实行任何行为操作，它仅仅表明该怎样做
   D. 类可以按所定义的属性、事件和方法进行实际的行为操作

2. 面向对象程序设计中的基本构件是（　　）。
   A. 对象　　　　　　　　B. 类　　　　　　　　C. 事件　　　　　　　　D. 方法

3. 下面关于事件的描述中，错误的是（　　）。
   A. 事件既可由系统引发，也可以由用户激发
   B. 事件代码既能在事件引发时执行，也能够像方法一样被显示调用
   C. 在容器对象的嵌套层次里，事件的处理遵循独立性原则，即每个对象识别并处理属于自己的事件
   D. 事件代码不能由用户创建，是唯一的

4. 在 Visual FoxPro 中，描述对象行为的过程称为（　　）。
   A. 属性　　　　　　　　B. 方法　　　　　　　　C. 程序　　　　　　　　D. 类

5. 下面关于控件类的描述中，错误的是（　　）。
   A. 控件类用于进行一种或多种相关的控制
   B. 可以对控件类对象中的组件单独进行修改或操作
   C. 控件类一般作为容器类中的控件
   D. 控件类的封装性比容器类更加严密

6. 下列容器能够包含任意控件的是（　　　　）。

    A．表单集   B．页框   C．表单   D．选项按钮组

7. 当用户单击命令按钮时，触发一个事件代码，该事件是（　　　　）。

    A．Load   B．Active   C．Show   D．Click

8. Init 事件表示（　　　　）。

    A．在对象建立之前引发   B．在对象释放时发生

    C．在对象建立时发生   D．当对象获得焦点时引发

9. 用 DEFINE CLASS 命令定义一个 myform 类时，要想为该类添加一个命令按钮对象，应当使用（　　　　）。

    A．AddObject("command1","CommandButton")

    B．myform.AddObject("command1","CommandButton")

    C．Add Object myform.command1 AS CommandButton

    D．Add Object command1 AS CommandButton

10. 如果需要在 myform=CreateObject("FORM") 所创建的表单对象中添加 command1 命令按钮对象，应当使用（　　　　）。

    A．AddObject("commandl","CommandButton")

    B．myform.AddObject("command1","CommandButton")

    C．Add Object.myforml.command1 AS CommandButton

    D．Add Object.command1 AS CommandButton

11. 以下属于容器类控件的是（　　　　）。

    A．Form   B．Text   C．CommandButtun   D．Label

12. 下列关于属性、方法和事件的叙述中，错误的是（　　　　）。

    A．基于同一个类产生的两个对象不能具有不同的属性

    B．属性用于描述对象的状态

    C．方法用于表示对象的行为

    D．事件代码也可以像方法一样被显式调用

13. 在面向对象方法中，对象可看成是属性（数据）以及这些属性上的专用操作的封装体。封装是一种（　　　　）技术。

    A．组装   B．产品化   C．固化   D．信息隐蔽

14. 在面向对象方法中，对象可看成是属性（数据）以及这些属性上的专用操作的封装体。封装的目的是使对象的（　　　　）分离。

    A．定义和实现   B．设计和实现   C．设计和测试   D．分析和定义

15. 类是一组具有相同属性和相同操作的对象的集合，类之间共享属性和操作的机制称为（　　　　）。

    A．多态性   B．动态绑定   C．静态绑定   D．继承

16. 命令按钮组是（　　　　）。

    A．控件   B．容器   C．控件类对象   D．容器类对象

17. 下列关于面向对象程序设计（OOP）的叙述中，错误的是（　　　）。
    A. OOP 的中心工作是程序代码的编写
    B. OOP 以对象及其数据结构为中心展开工作
    C. OOP 以"方法"表现处理事物的过程
    D. OOP 以"对象"表示各种事物，以"类"表示对象的抽象

18. 任何对象都有自己的属性，下列关于属性的叙述中，正确的是（　　　）。
    A. 属性是对象所具有的固有特征，通常用各种类型的数据来表示
    B. 属性是对象所具有的内部特征，通常用各种类型的数据来表示
    C. 属性是对象所具有的外部特征，通常用各种类型的数据来表示
    D. 属性是对象所具有的固有方法，通常用各种程序代码来表示

19. 下列关于属性、方法、事件的叙述中，错误的是（　　　）。
    A. 事件代码也可以像方法一样被显式调用
    B. 属性用于描述对象的状态，方法用于描述对象的行为
    C. 新建一个表单时，可以添加新的属性、方法和事件
    D. 基于同一个类产生的两个对象可以分别设置自己的属性值

20. 下列关于"类"的叙述中，错误的是（　　　）。
    A. 类是对象的集合，而对象是类的实例
    B. 一个类包含了相似对象的特征和行为方法
    C. 类并不实行任何行为操作，它仅仅表明该怎样做
    D. 类可以按其定义的属性、事件和方法进行实际的行为操作

21. 下列关于创建新类的叙述中，错误的是（　　　）。
    A. 可以选择菜单命令，进入"类设计器"
    B. 可以在.prg 文件中以编程方式定义类
    C. 可以在命令窗口输入 ADD CLASS 命令，进入类设计器窗口
    D. 可以在命令窗口输入 CREATE CLASS 命令，进入类设计器窗口

22. 下列关于"事件"的叙述中，错误的是（　　　）。
    A. Visual FoxPro 中基类的事件可以由用户创建
    B. Visual FoxPro 中基类的事件是由系统预先定义好的，不可由用户创建
    C. 事件是一种事先定义好的特定的动作，由用户或系统激活
    D. 鼠标的单击、双击、移动和键盘上按键的按下均可激活某个事件

23. 下列关于编写事件代码的叙述中，错误的是（　　　）。
    A. 可以由定义了该事件过程的类中继承
    B. 为对象的某个事件编写代码，就是将代码写入该对象的这个事件过程中
    C. 为对象的某个事件编写代码，就是编写一个与事件同名的.prg 程序文件
    D. 为对象的某个事件编写代码，可以在该对象的属性对话框中选择该对象的事件，然后在出现的事件窗口中输入相应的事件代码

24. 用 DEFINE CLASS 命令定义一个 MyForm 类时，若要为该类添加一个按钮对象，应当使用的基本代码是（　　）。
    A. AddObject("Command1", "Commandbutton")
    B. MyForm.AddObject("Command1","commandbutton")
    C. Add object Command1 AS commandbutton
    D. Add Object MyForm.Command1 AS commandbutton

25. 下列关于如何在子类的方法程序中继承父类方法程序的叙述中，错误的是（　　）。
    A. 用<父类名>-<方法>的命令继承父类的事件和方法
    B. 用<父类名>::<方法>的命令继承父类的事件和方法
    C. 用 DODEFAUIT()来继承父类的事件和方法
    D. 当在子类中重新定义父类的事件和方法代码时，就用新定义的代码取代了父类中原来的代码

二、填空题

1. 在面向对象程序设计中，人们所说的对象具有 4 个主要的特性，它们分别是：抽象性、_____、_____和_____。

2. 类是一组具有相同属性和相同操作的对象的集合，类中的每个对象都是这个类的一个_____；类之间共享属性和操作的机制称为_____；一个对象通过发送_____来请求另一个对象为其服务。

3. 控件的数据绑定是指该控件与某个数据源联系起来。实现某个控件的数据绑定需要为该控件指定_____，实际设置时是由该控件的_____属性来指定的。

4. 一个应用程序常常会包含多个对象，但某个时刻仅允许对一个已被选定的对象进行操作。某个对象被选定，它就获得了_____。例如:ThisForm.Text1.SetFocus, 就表示_____。

5. "类"是面向对象程序设计的重要内容，Visual FoxPro 提供了一系列基类来支持用户派生出新类，Visual FoxPro 基类有两种，即：_____与_____。

6. 在 Visual FoxPro 中，可以有两种不同的方式来引用一个对象，以下第一个命令引用对象的方式称为_____；第二个命令的引用方式称为_____。
   Formset1.Fom1.Command1.Caption="确定"
   This.Captin="确定"

7. Visual FoxPro 提供了一批基类，用户可以在这些基类的基础上定义自己的类和子类，从而利用类的_____性，减少编程的工作量。

8. 类是对象的集合，它包含了相似的有关对象的特征和行为方法，而_____则是类的实例。

9. 用类来创建对象的函数是_____;其括号内的自变量就是一个已有的类名,该函数返回一个_____。

10. 在 OOP 中，类具有_____、_____和_____的特征，这就大大加强了代码的重用性。

11. 在 Visual FoxPro 中，在创建对象时发生的事件是_____从内存中释放对象时发生的事件是_____;用户使用鼠标双击对象时发生的事件是_____。

12. 用户用_____命令定义的类是一段命令的集合，它们定义了对象的属性、事件和方法，放在应用程序可执行部分的_____，运行程序时并不执行。它仅仅表明该怎样做，而实际的行为操作则是由它创建的_____来完成的。

13. 在一个表单对象中添加了两个按钮 Command1 和 Command2,单击每个按钮会做出不同的操作,必须为这两个按钮编写的事件过程名称分别是_____和_____。

14. 如果程序运行时单击 Command1 按钮,表单的背景变为蓝色,则其 Click 事件过程中的相应命令应是_____;单击 Command2 按钮,该按钮变为不可见,则其 Click 事件过程中的相应命令应是_____。

15. Visual FoxPro 提供了 3 种方式来创建表单,它们分别是使用_____创建表单;使用_____创建一个新的表单或修改一个已经存在的表单;使用"表单"菜单中的_____。

16. 对于表单中的标签控件,若要使该标签显示指定的文字,应对其_____属性进行设置;若要使指定的文字自动适应标签区域的大小,则应将其_____属性设置为逻辑真值。

17. 用命令方式或事件方式均可释放当前运行的表单,前者所用的命令是_____后者所采用的事件是_____。

18. 在命令窗口中执行_____命令,即可打开表单设计器窗口。

19. 向表单中添加控件的方法是,选定表单控件工具栏中的某个控件按钮后,然后_____便可添加一个选定的控件;如果想要添加多个同类型的控件,则可在选定控件按钮后,单击_____按钮,然后在表单的不同位置单击,就可以添加多个同类型的控件。

20. 编辑框控件与文本框控件最大的区别是:在编辑框中可以输入或编辑_____文本,而在文本框中只能输入或编辑_____文本。

21. 数据环境泛指定义表单或表单集时使用的数据源,它可以包括_____、_____和_____。

22. 如果要为控件设置焦点,则控件的 Enabled 属性和_____属性值必须为.T.。

23. 在表单中添加了某些控件后,除了通过属性窗口为其设置各种控件外,也可以通过相应的_____为其设置常用属性。

24. 要使标签标题的文字竖排,必须将其_____属性设置为.T.。

25. 要编辑容器中的对象,必须首先激活容器。激活容器的方法是:右击该容器,在弹出的快捷菜单中选择_____命令。

第 **10** 章

常用的表单控件

第一部分 上机指导

实验一 标签设计

一、实验目的

1. 掌握标签控件对象的创建和使用。
2. 掌握标签控件对象的属性、事件和方法的应用。

二、知识介绍

标签控件（Label）一般用来显示表单中的各种说明和提示，不能接受输入或进行编辑。一般来说，标签控件中的文本是静态的，但是在程序代码中可以通过重新设置 Caption 属性修改标签显示的文本，动态地显示文字、数据，以实现对表单中的对象、运算结果或数据处理进行说明或提示。标签显示的文本最多能容纳 256 个字符，其主要属性有：AutoSize、ForeColor、Caption、WordWrap 等。

三、实验示例

【例 10.1】设计表单标签对象，在标签中让"欢迎"两个字在屏幕上移动。

1. 设计应用界面（见图 10-1）

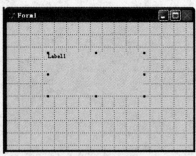

图 10-1 设计界面

2. 属性设置（见表 10-1）

表 10-1　属性设置

对 象 名	属 性 名	属 性 值
Label1	Caption	欢迎
	FontName	楷体_GB2312
	FontSize	48
	FontBold	.T.
	ForeColor	255,0,0
	Alignment	2

3. 事件代码

Label1 标签的 Click 事件代码

```
DO WHILE  .t.
FOR i=1 TO Thisform.Width STEP 10
    This.Left=i
    =Inkey(1)    &&延时 1s
NEXT i
ENDDO
```

4. 运行界面（见图 10-2）

图 10-2　运行界面

四、上机实验

1. 设计一个表单，在表单上放置一个标签控件，要求当单击表单时，标签的背景颜色变为红色，同时字体颜色变为黑色。

2. 设计一个表单，在表单上放置一个标签控件，当单击表单时，标签控件将在窗体上向右平移一段距离。

3. 设计一个表单，在窗体上放置一个标签控件，当单击表单时，标签控件中的文本内容显示为若干中文字符，当双击表单时，标签控件中的文本内容显示为若干英文字符。

实验二　命令按钮和命令按钮组

一、实验目的

1. 掌握命令按钮和命令按钮组的创建和使用。

2. 掌握命令按钮和命令按钮组的属性、事件和方法的应用。

二、知识介绍

1. 命令按钮通常用来进行某一个操作、执行某个事件代码、完成特定的功能（如确定、退出、计算、查询等），是最常用的控件之一。一般命令按钮要完成的动作都会在其 Click 事件中编写代码。对于"确定"按钮和"取消"按钮，系统有默认代码，不需要用户自己编写代码。其常用属性有：Cancel、Default、Enabled、Visible 等；其常用事件是 Click 事件，单击按钮时，就触发了该事件；常用方法是 SetFocus 方法，其功能是使命令按钮获得焦点。

2. 命令按钮组是包含多个命令按钮的容器对象，它将预定义的命令组提供给用户，允许用户从一组指定的操作中选择一个。常用属性有：ButtonCount、Buttons、Enabled、Value、BackColor 等；常用事件有：Click 事件，当用户单击命令按钮组时，就触发该事件。

3. 命令按钮组是 Visual FoxPro 中的一个基类控件，无论命令按钮组中设置了多少个按钮，它总是以一个整体作为一个对象放置在表单中，其属性指它的整体属性。但每个命令按钮执行的操作往往不同，所以设置每个按钮的属性或编写每个按钮的事件代码时需要分别进行。因此，需要将每个按钮"拆分"开，然后为每个按钮单独进行属性设置，编写事件代码，其过程如下：

① 右击命令按钮组，弹出快捷菜单。

② 在快捷菜单中选择"编辑"命令，则用户可以选中任意一个按钮进行编辑，进行属性设置和代码的编写工作。也可以在属性窗口的"对象"列表框中直接选中某个命令按钮进行编辑。

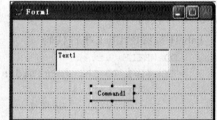

三、实验示例

【例 10.2】设计一个将小写字母转换成大写字母的表单。

1. 设计界面（见图 10-3）
2. 属性设置（见表 10-2）

图 10-3　设计界面

表 10-2　属性设置

对　象　名	属　性　名	属　性　值
Text1	FontSize	16
Command1	Caption	转换

3. 事件代码

命令按钮 Command1 的 Click 事件代码

```
Thisform.Text1.Value=UPPER(Thisform.Text1.Value)
Thisform.Refresh
```

4. 运行界面

表单的运行界面如图 10-4 所示。

图 10-4　运行界面

四、上机实验

1. 设计一个表单（见图 10-5），要求根据用户输入的半径值，单击"计算"按钮即可显示出圆的周长和面积。

2. 用命令按钮组创建一个能进行加、减、乘、除运算的表单，运算后由系统判断结果的正确与否。运行界面如图 10-6 所示。

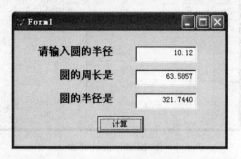

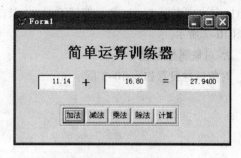

图 10-5　计算圆周长及圆面积　　　　　图 10-6　简单运算训练器

实验三　文本框和编辑框

一、实验目的

1. 掌握文本框和编辑框对象的创建和使用。
2. 掌握文本框和编辑框对象的属性、事件和方法的应用。

二、知识介绍

1. 文本框控件（Text）

文本框用于各种类型数据的输入与输出，只能编辑单行文本。它允许添加或编辑保存在表中非备注型字段中的数据。通过设置或引用 Value 属性，可以在程序中引用或修改文本框中显示的文本。如果控件的 ControlSource 属性是表中的字段，则表字段中的值在文本框中显示，用户对这个值的改变将写回表中，移动记录指针将影响文本框的 Value 值。

文本框控件的属性主要包括：Enabled、PasswordChar、Value、InputMask、FontName、ForeColor、Alignment、ControlSource、ReadOnly 等。

文本框的常用事件有：GotFocus（当文本框获得焦点时触发该事件）、LostFocus（当文本框失去焦点时触发该事件）、KeyPress（当用户在控件上按下某个键并释放它时触发该事件）；常用方法有：Refresh（重画文本框，刷新它的值）、SetFocus（使文本框得到焦点，方便输入）。

2. 编辑框控件（Edit）

编辑框能接受字符型文本的输入与输出，可用来编辑字符型变量、长字段、数组元素、备注型字段等内容。编辑框允许编辑多行文本，编辑长度不受编辑框大小的限制，允许自动换行，可设置水平和垂直滚动条便于滚动浏览文本信息。

通过"SelectOnEntry"、"SelLength"、"SelStart"、"SelText"可以处理选定文本信息。编辑框与文本框的使用基本一致。

三、实验示例

【例 10.3】将左边编辑框中的选择内容复制到右边的文本框中，也可在左边编辑框自动选择与右边文本框内容相同的部分。

1. 界面设计

设计表单包含下列对象：左边编辑框 Edit1，右边文本框 Text1，命令按钮 Command1，如图 10-7 所示。

2. 对象属性设置

对象属性设置如表 10-3 所示。

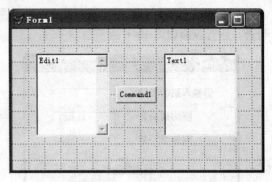

图 10-7　设计界面

表 10-3　属性设置

对 象 名	属 性 名	属 性 值
Edit1	Format	K
	Value	Visual FoxPro 6.0 是 Microsoft 公司的关系数据库系统
Command1	Caption	->

3. 事件代码

（1）命令按钮 Command1 的 Click 事件代码

```
This.Parent.Text1.Value=This.Parent.Edit1.Seltext
```

（2）编辑框 Edit1 的 GotFocus 事件代码

```
EditBox::GotFocus
str1=TRIM(This.Parent.Text1.V
alue)
d=AT(str1,This.Value)
IF D>0
    This.SelStart=d-1
    This.SelLength=LEN(str1)
ELSE
    This.SelLength=0
ENDIF
```

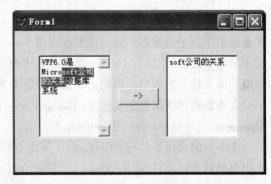

图 10-8　运行界面

4. 运行结果（见图 10-8）

四、上机实验

1. 设计一个表单，在一个文本框 Text1 中输入字符的同时，输入的字符同步在文本框 Text2 中显示出来。

2. 设计一个表单，实现查询某班级学生基本情况（字段包括：学号、姓名、出生日期、成绩、简历），要求：在文本框中 Text1 中输入查询的学生姓名，单击"查询"按钮，若此学生存在，则将此学生的"学号"、"简历"显示出来；若不存在，则显示信息"此学生不存在"。表单的运行界面如图 10-9 所示。

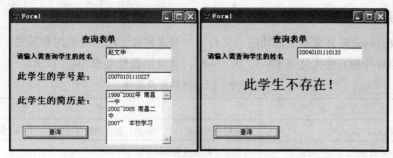

图 10-9　运行界面

实验四　列表框和组合框

一、实验目的

1. 掌握列表框和组合框对象的创建和使用。
2. 掌握列表框和组合框对象的属性、事件和方法的应用。

二、知识介绍

组合框与列表框均可产生供用户选择的列表，它们的功能有些相似。不同之处在于：组合框是文本框加上列表框，组合框只显示一行，只有单击组合框右边的下拉按钮时，才显示多行的下拉列表，列表框可以在框内显示多行；另外，组合框允许用户从键盘输入数据，列表框只提供数据供用户选择，不能进行数据的输入。

1. 列表框

组合框的常用属性、事件和方法分别如表 10-4、表 10-5、表 10-6 所示。

表 10-4　列表框的常用属性

常 用 属 性	说　　明
ColumnCount	指定列表框数据显示的列数
ControlSource	指定用户选择列表框中数据后储存的数据去向（如表字段等）
RowSource	指定列表框数据的来源
RowSourceType	指定列表框属性 RowSource 的类型
Value	指定列表框当前的状态

表 10-5　列表框的常用事件

事 件 名	说　　明
Click	单击列表框，触发该事件
InteractiveChange	当更改列表框的值时，触发该事件

表 10-6　列表框的常用方法

方 法 名	说　　明
AddItem	在列表框中添加一项数据项
RemoveItem	在列表框中删除一项数据项
Clear	删除列表框中所有的数据项

2. 组合框

组合框兼有列表框和文本框的功能，它有下拉列表框和下拉组合框两种形式。组合框具有与列表框相同的事件和方法（见表 10-5、表 10-6），其常用属性如表 10-7 所示。

表 10-7　组合框的常用属性

属 性 名	说　明
ControlSource	指定用户选择组合框中数据后储存的数据去向（如表字段等）
ListCount	指定组合框中列表项的个数
RowSource	指定组合框数据的来源
RowSourceType	指定组合框属性 RowSource 的类型
Style	指定组合框是下拉列表框还是下拉组合框
Value	指定组合框当前的状态
Visible	指定组合框是否可见

3. RowSourceType 属性的设置值（见表 10-8）

表 10-8　RowSourceType 属性的设置值

RowSourceType 属性值	列表项的数据源
0	无，有程序向列表项中添加项
1	值，通过 RowSource 属性手工指定多个要在列表项中显示的值
2	表的别名，可在列表中添加打开表的一个或多个字段的值
3	SQL 语句，将 SQL Select 查询语句的执行结果作为填充列表框
4	查询，用查询的结果填充列表框（查询是在查询设计器中设计的）
5	数组，用数组中的项填充列表框
6	字段，指定一个字段或用逗号分割的一系列字段值填充列表
7	文件，用当前目录下的文件来填充列表
8	结构，用 RowSource 属性中指定的表结构中的字段名来填充列表
9	弹出式菜单，用先前定义的弹出式菜单来填充列表

三、实验示例

【例 10.4】根据不同情况查找学生信息

1. 设计表单界面

设计表单界面，在表单中加入数据环境，在数据环境中加入 xsxx.dbf 表。将有关字段从数据环境中拖动到表单上，如图 10-10 所示。

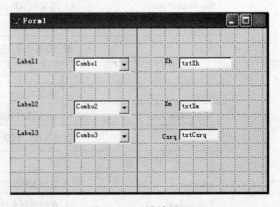

图 10-10　设计界面

2. 设置对象属性（见表 10-9）

表 10-9　属性设置

对 象 名	属 性 名	属　性　值
Label1	Caption	按学号查
Label2	Caption	按姓名查
Label3	Caption	按出生日期查
txtXh	ReadOnly	.t.
	ControlSource	xsxx.xh
txtXm	ReadOnly	.t.
	ControlSource	xsxx.xm
txtCsri	ReadOnly	.t.
	ControlSource	Xsxx.csrq
Combo1	Name	ComboXH
	RowSourceType	1-值
	RowSource	20070220120101,20070220120201,20070220120102,20070220120202
Combo2	Name	ComboXM
	RowSourceType	6-字段
	RowSource	xsxx.xm
Combo3	Name	ComboCSRQ
	RowSourceType	3-SQL 语句
	RowSource	Select csrq From xsxx Distinct

3. 事件代码

（1）"按学号查"组合框（ComboXH）控件对象的 InteractiveChange 事件代码

```
LOCATE FOR xh=TRIM(This.Value)
Thisform.Refresh
```

（2）"按姓名查"组合框（ComboXM）控件对象的 InteractiveChange 事件代码

```
Thisform.Refresh
```

（3）"按出生日期查"组合框（ComboCSRQ）的 InteractiveChange 的事件代码

```
LOCATE FOR csrq=CTOD(This.Value)
Thisform.Refresh
```

4. 运行结果（见图 10-11）

四、上机实验

1. 利用列表框控件显示输出九九乘法表（见图 10-12）。

2. 显示指定学生的成绩（见图 10-13）。

图 10-11 运行界面

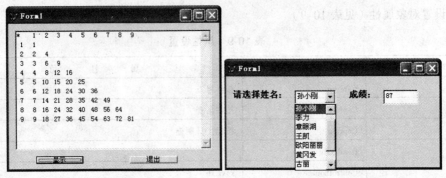

图 10-12　九九乘法表　　　　　　图 10-13　查询学生成绩

实验五　选项按钮组和复选框

一、实验目的

1. 掌握选项按钮组和复选框对象的创建和使用。
2. 掌握选项按钮组和复选框对象的属性、事件和方法的应用。

二、知识介绍

1. 选项按钮组是包含选项按钮的容器控件。一般一个选项按钮组可包含多个选项按钮，组中仅有一个选项按钮被选中，圆点指示当前被选中的选项按钮。选项按钮组中各个选项按钮排列方向和位置根据用户需要进行调整。选项按钮组的常用属性如表 10-10 所示。

表 10-10　选项按钮组的常用属性

属 性 名	说　　明	属 性 名	说　　明
ButtonCount	设置选项按钮组的数目	ControlSource	确定选项按钮组的数据来源
Value	指定确定哪一个选项按钮被选中	DisableForeColor	确定选项按钮失效时的前景颜色
Caption	设置选项按钮组的标题	DisableBackColor	确定选项按钮失效时的背景颜色

选项按钮组中各选项按钮的 Caption 属性为各选项按钮的提示信息，Value 属性为选项按钮是否被选中，Value 为 1 时表示当前的选项按钮被选中，否则为 0。选项按钮组中的 ControlSource 属性与表的字段绑定后，运行时选中选项按钮的 Caption 属性值被送入字段中。

2. 复选框可表示逻辑值。复选框由一个方框和标题说明组成。一般情况下，用空框来表示该选项未被选中，当用户选中某一选项时，与该选项对应的方框中会出现打钩的符号。复选框的常用属性如表 10-11 所示。

表 10-11　复选框的常用属性

属 性 名	说　　明
ControlSource	确定复选框的数据来源。一般为表的逻辑字段 字段值为.T.，则复选框被选中；字段值为.F.，则复选框未被选中；字段值为.NULL.，则复选框以灰色表示
Value	表示当前复选框的状态。0—未选中、1—选中、2—禁用。也可设置.T.为选中，.F.为未选中，.NULL.或 NULL 为禁用

续表

属 性 名	说 明	
Caption	指定复选框的标题	
Picture	设置一个图像作为复选框的标题	
Style	确定显示风格。0—标准状态、1—图形状态	
DisableForeColor	确定失效时的前景颜色	
DisableBackColor	确定失效时的背景颜色	

复选框可通过 ControlSource 属性与表的逻辑型字段进行绑定。复选框是彼此独立的，在一个表单中用户可以设置多个复选框，在选择时，可以选择其中的一个或多个、甚至全部，也可一个不选。

三、实验示例

【例 10.5】对显示的字体进行控制与修饰。

1. 设计表单界面（见图 10-14）

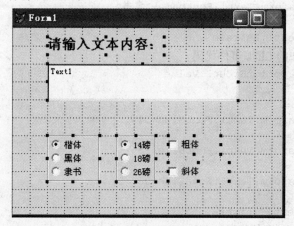

图 10-14　设计界面

2. 设置对象属性（见表 10-12）

表 10-12　属性设置

对 象 名	属 性 名	属 性 值
Label1	Caption	请输入文本内容：
	AutoSize	.T.
Text1	Alignment	2
OptionGroup1	—	—
Option1	Caption	楷体
Option2	Caption	黑体
Option3	Caption	隶书
OptionGroup2	—	—
Option1	Caption	14

续表

对象名	属性名	属性值
Option2	Caption	18
Option3	Caption	26
Check1	Caption	粗体
Check2	Caption	斜体

3. 事件代码

（1）OptionGroup1 的 Click 事件代码

```
i=Thisform.OptionGroup1.Value
DO  CASE
    CASE  i=1
        Thisform.Text1.Fontname="楷体_GB2312"
    CASE  i=2
        Thisform.Text1.Fontname="黑体"
    CASE  i=3
        Thisform.Text1.Fontname="隶书"
ENDCASE
Thisform.Text1.Refresh
```

（2）OptionGroup2 的 Click 事件代码

```
i=Thisform.OptionGroup2.Value
DO  CASE
    CASE  i=1
        Thisform.Text1.FontSize=14
    CASE  i=2
        Thisform.Text1.FontSize=18
    CASE  i=3
        Thisform.Text1.FontSize=26
ENDCASE
Thisform.Text1.Refresh
```

（3）Check1 的 Click 事件代码

```
Thisform.Text1.FontBold=This.Value
```

（4）Check2 的 Click 事件代码

```
Thisform.Text1.FontItalic=This.Value
```

4. 运行结果（见图 10-15）

图 10-15　运行结果

四、上机实验

1. 设计一个表单，运行界面如图 10-16 所示。

2. 设计一个表单，实现对文本框进行前景颜色和背景颜色的选择，如图 10-17 所示。

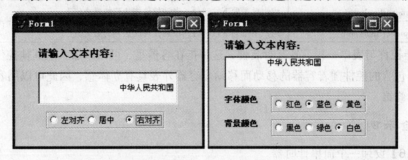

图 10-16　运行界面（一）　　　　图 10-17　运行界面（二）

实验六　计时器、微调控件和容器控件

一、实验目的

1. 掌握计时器、微调控件、容器控件对象的创建和使用。

2. 掌握计时器、微调控件、容器控件对象的属性、事件和方法的应用。

二、知识介绍

1. 计时器控件允许以一定的时间间隔重复地执行某种操作，它通过检查系统时钟，确定时钟到了该执行某一任务的时候。特别需要注意的是：在表单设计时，计时器在表单中是可见的，但是运行时，计时器是不可见的，因而它的位置和大小是无关紧要的。其常用属性与常用事件如表 10-13、表 10-14 所示。

表 10-13　计时器的常用属性

属 性 名	说　　明
Enabled	指定计时器是否开始工作
Interval	指定两个 Timer 事件之间的时间间隔的毫秒数

表 10-14　计时器的常用事件

事 件 名	说　　明
Timer	当经过 Interval 属性所指定的毫秒数后触发该事件

2. 微调控件主要用于接收给定范围内的数值选择或数据输入，可以由用户设置微调的值并输入到其他控件中，或被其他程序使用。其常用属性如表 10-15 所示。

表 10-15　微调控件的常用属性

属 性 名	说　　明
Increment	用户单击向上或向下按钮时增加或减少的数值
KeyboardLowValue	用户能输入到微调控件中的最小值

属 性 名	说　　明
KeyboardHighValue	用户能输入到微调控件中的最大值
SpinnerLowValue	用户单击向下按钮时，微调控件能达到的最小值
SpinnerHighValue	用户单击向下按钮时，微调控件能达到的最大值

3. 容器控件与表单一样，具有封装性，这是指在容器里，可以添加一些其他控件。当容器移动时，它所包含的控件随着容器的移动而移动。容器外表具有立体感，因此可以用容器来为程序的界面进行修饰。

三、实验示例

【例 10.6】设计一个简单计时器。

1. 设计应用界面（见图 10-18）

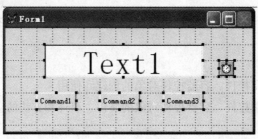

图 10-18　设计界面

2. 属性设置（如表 10-16）

表 10-16　属性设置

对 象 名	属 性 名	属 性 值
Text1	Alignment	2
	Value	00:00:00.0
	FontSize	28
Command1	Caption	\\<S 开始
Command2	Caption	\\<R 重置
Command3	Caption	\\<Q 关闭
Timer1	Interval	100
	Enabled	.F.

3. 事件代码

（1）Form1 的 Init 事件代码

```
PUBLIC b
b=0
```

（2）Command1 的 Click 事件代码

```
IF Tthis.Caption="\<S 暂停"
   This.Caption="\<S 继续"
   Thisform.Timer1.Enabled=.F.
```

```
        ELSE
            This.Caption="\<S 暂停"
            If Thisform.Text1.Value="00:00:00.0"
              b=SECONDS()
            ENDIF
            Thisform.Timer1.Enabled=.T.
        ENDIF
```

（3）Command2 的 Click 事件代码

```
        b=SECONDS()
        Thisform.Text1.Value="00:00:00.0"
        IF Thisform.Command1.Caption="\<S 继续"
            Thisform.Command1.Caption="\<S 开始"
        ENDIF
```

（4）Command3 的 Click 事件代码

```
        Thisform.Release
```

（5）Timer1 的 Timer 事件代码

```
        tim=SECONDS()-b
        a0=ALLT(STR(INT((tim*10))%10))
        time0=tim
        a1=IIF(time0%60>9, ALLT (STR(time0%60)),"0"+ ALLT (STR(time0%60)))
        time1=INT(time0/60)
        a2=IIF(time1%60>9, ALLT (STR(time1%60)),"0"+ ALLT (STR(time1%60)))
        time2=INT(time1/60)
        a3=IIF(time2%60>9, ALLT (STR(time2%60)),"0"+ ALLT (STR(time2%60)))
        Thisform.Text1.Value=a3+":"+a2+":"+
        a1+"."+a0
```

4. 运行界面（见图 10-19）

图 10-19　运行界面

四、上机实验

1. 使用微调控件改变文字的移动速度（见图 10-20）

2. 利用微调控件显示"xscj.dbf"表文件中的"cj"字段的数据（见图 10-21）

图 10-20　运行界面

图 10-21　运行界面

3. 在表单上设计一个数字时钟（见图 10-22），但单击或按下"改变事件格式"按钮时将实现"24 小时制"与"12 小时制"两种格式的转换。

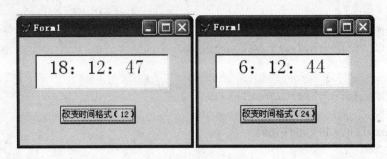

图 10-22 运行界面

实验七 表格控件和页框控件

一、实验目的

1. 掌握表格控件、页框控件对象的创建和使用。
2. 掌握表格控件、页框控件对象的属性、事件和方法的应用。

二、知识介绍

1. 表格控件又称为网格控件（Grid），它包含了多个列（Column），每列又包含了一个表头（Header）和文本框（TextBox），表头用来显示字段的标题，文本框用来显示字段的内容。利用表格控件，可以在表单或页面中显示和操作数据表的内容，其常用属性如表 10-17 所示。

表 10-17　表格的常用属性

属 性 名	说　　　　明
AllowAddnew	指明是否可以在表格控件工具栏中添加记录
Caption	用来指明表格控件中列的标题名称
ColumnCount	用于设置表格控件的列数
Columns	用来指明表格控件中的第几列
Deletemark	设置表格控件中是否要显示删除标志栏，用来指明记录是否已被删除
Enabled	用来设置表格是否可用
RecordSource	设置表格控件的数据来源
RecordSourceType	设置表格控件中显示数据的类型
ReadOnly	指明表格控件所连接的数据表示否允许被更改

其中 RecordSourceType 属性的设置值如表 10-18 所示。

表 10-18　表格的 RecordSourceType 属性的设置值

属 性 值	说　　　　明
0	表，把 RecordSource 指定 de 表作为数据源
1	别名，数据源为已打开的表
2	提示，在运行中由用户根据提示选择表格数据源
3	查询，数据源是查询文件（.qpr）的执行结果
4	SQL 语句，数据源为 SQL 语句的执行结果

列的常用属性如表 10-19 所示

表 10-19　列的常用属性

属性名	说　明
ControlSource	在列中要连接的数据来源，通常为表中的一个字段

2. 页框是可以包含页面和控件的容器对象，它定义了页面的位置和页面的数目，可以用来扩展表单的表面积。选中页框中单个页面的方法与命令按钮组中选中命令按钮的方法是相同的。其常用属性如表 10-20 所示。

表 10-20　页框的常用属性

属性名	说　明
ActivePage	用于激活页框的某个指定页面
Enabled	用来设置页框是否可用
PageCount	用来设置页框的页面数
Pages	用于指名页框中的某个页面

三、实验示例

【例 10.7】在表单中创建一个有选项卡的页框，该页框有 2 个页面，页面中各有一个文本框。在页面 1，显示今天是星期几；在页面 2，显示今天的日期。

1. 设计应用界面（见图 10-23）

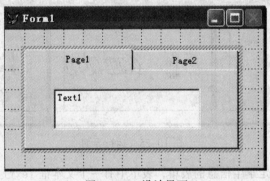

图 10-23　设计界面

2. 属性设置（见 10-21）

表 10-21　属性设置

对　象　名	属　性　名	属　性　值
PageFrame1	PageCount	2
Page1	Caption	星期
Text1	FontSize	28
Page2	Caption	日期
Text1	FontSize	28

3. 事件代码

（1）PageFrame1.Page1 的 Click 事件代码

```
Thisform.PageFrame1.Page1.Text1.Value="今天是: "+CTOW(DATE())
```

（2）PageFrame1.Page2 的 Click 事件代码

```
Thisform.PageFrame1.Page2.Text1.Value="今天是: "+DTOC(DATE())
```

4. 运行结果（见图 10-24）

图 10-24　运行界面

四、上机实验

1. 在表单设计器中，创建多页面表单：设置字体表单。运行界面如图 10-25 所示，要求能实现标签字体、字形、字体颜色的改变。

图 10-25　运行界面

2. 设计一个显示指定学生信息的表单，表单中有一个文本框 Text1 和一个表格控件 Grid1。当在文本框中输入学号时，如果该学生存在，则表格就显示该学生的情况；如果不存在，则显示相应的提示信息。运行界面如图 10-26 所示。

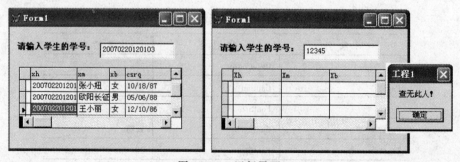

图 10-26　运行界面

实验八　形状控件、线条控件和图像控件

一、实验目的

1. 掌握形状控件、线条控件和图像控件对象的创建和使用。
2. 掌握形状控件、线条控件和图像控件对象的属性、事件和方法的应用。

二、知识介绍

1. 形状控件（shape）用于画矩形、正方形、圆角矩形、圆角正方形、圆和椭圆。其常用属性如表 10-22 所示。

表 10-22　形状控件的常用属性

属性名	说　　明
Curvature	控件角的曲率。0—直角，99—圆角。0~99 表示为不同的圆角
FillStyle	确定形状控件是透明的还是具有一个指定的背景填充方案
SpecialEffect	确定形状控件是平面的还是三维的。仅当 Curvature 属性设置为 0 时才有效
BackColor	形状内部的背景色
BorderColor	形状边线的颜色
BorderWidth	形状边线的宽度

2. 线条控件（line）用于画各种直线段。其常用属性如表 10-23 所示。

表 10-23　线条控件的常用属性

属性名	说　　明
BorderWidth	该属性决定线条的宽度为多少像素点
LineSlant	该属性指定当线条不为水平或垂直时，线条的倾斜角度
Width	线条的长度
BorderStyle	线型。0—透明，1—实线，2—虚线，3—点线，4—点画线，5—双点画线，6—内实线
BorderColor	线条的颜色

3. 图像控件（image）允许在表单中添加图片（.bmp 文件）。其常用属性如表 10-24 所示。

表 10-24　图像控件的常用属性

属性名	说　　明
Picture	需要显示的图片（.bmp）
BorderStyle	决定图像是否具有可见的边框
Stretch	若 Stretch 设置为 0—剪裁，则超出图像控件范围的那一部分图像将不显示；若 Stretch 设置为 1—恒定比例，则图像控件将保留图片的原有比例，并在图像控件中显示最大可能的图片；若 Stretch 设置为 2—伸展，则将图片调整到正好与图像控件的高度和宽度相匹配

三、实验示例

利用微调控件控制图形的大小。如图 10-28 所示，单击向下箭头时，图形中有色部分逐渐降低，反之，有色部分逐渐增高。

1. 设计界面（见图 10-27）

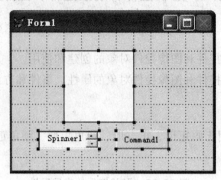

图 10-27　设计界面

2. 属性设置（见表 10-25）

表 10-25　属性设置

对 象 名	属 性 名	属 性 值
Container1	BackColor	255,255,255
	SpecialEffect	1—凹下
	Height	100
Shape1	BackColor	255,0,0
	BorderStyle	0—透明
Spinner1	SpinnerHigh	95
	SpinnerLow	0
	KeyboardHighValue	95.00
	KeyboardLowValue	0.00

3. 事件代码

（1）Spinner1 的 InteractiveChange 事件代码

```
Thisform.Container1.Shape1.Top=97-This.Value
```

（2）Command1 的 Click 事件代码

```
Thisform.Release
```

4. 运行界面（见图 10-28）

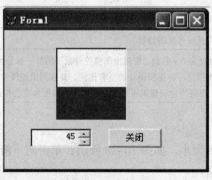

图 10-28　运行界面

四、上机实验

1. 利用图像控件，在表单上插入一幅图像。

2. 利用形状控件，在表单上画出逐渐变大的圆，到达最大时，又画出逐渐变小的圆。

第二部分 习   题

一、选择题

1. 对列表框的内容进行一次新的选择，一定会发生（   ）事件。

   A. Click　　　　　　B. When　　　　　C. InteractiveChange　　D. GotFocus

2. OptionGroup 是包含（   ）的容器。

   A. CommandButton　　B. OptionButton　　C. CheckBox　　　　D. 任意控件

3. Timer 控件的 Interval 属性值设置为 100，表示（   ）。

   A. Timer 事件在 100 秒后失效

   B. 100 秒后，时钟控件的 Enabled 属性自动为.F.

   C. Timer 事件发生的频率为 10 次/秒

   D. Timer 事件发生的时间间隔为 100 秒

4. 同一个对象的 Init、Load、Activate 和 Destroy 事件发生的顺序为（   ）。

   A. Init、Load、Activate、Destroy　　　B. Load、Init、Activate、Destroy

   C. Activate、Init、Load、Destroy　　　D. Destroy、Load、 Init、Activate

5. 页框（page frame）能包容的对象是（   ）。

   A. 页面（Page）　　B. 列（Colunm）　　C. 标头（Header）　　D. 表单集（FormSet）

6. 某表单 FormA 上有一个命令按钮组 CommandGroup1，命令按钮组中有 4 个命令按钮:CmdTop、CmdPrior、CmdNext、CmdLast。若要求按下按钮 CmdLast 时，将按钮 CmdNext 的 Enabled 属性设置为.F.，则在按钮 CmdLast 的 Click 事件中应加入（   ）命令。

   A. This.Enabled=.F.　　　　　　B. This.Parent.CmdNext.Enabled=.F.

   C. This.CmdNext.Enabled=.F.　　　D. Thisform.CmdNext.Enahled=.F.

7. 假定一个表单里有一个文本框 Textl 和一个命令按钮组 CommandGroup1，命令按钮组是一个容器对象，其中包含 Command1 和 Command2 两个命令按钮。如果要在 Command1 命令按钮的某个方法中访问文本框的 Value 属性值，下面（   ）是正确的。

   A. This.ThisForm.Text1_Value　　　B. This.Parent.Parent.Text1_Value

   C. Parent.Parent.Text1.Value　　　D. This.Parent.Text1.Value

8. 假定表单中包含一个命令按钮，那么在运行表单时，下面有关事件引发次序的陈述中（   ）是正确的。

   A. 先命令按钮的 Init 事件，然后表单的 Init 事件，最后表单的 Load 事件

   B. 先表单的 Init 事件，然后命令按钮的 Init 事件，最后表单的 Load 事件

   C. 先表单的 Load 事件，然后表单的 Init 事件，最后命令按钮的 Init 事件

   D. 先表单的 Load 事件，然后命令按钮的 Init 事件，最后表单的 Init 事件

9. 在表单设计器环境下，要选定表单中某选项组里的某个选项按钮，可以

    A. 单击选项按钮

    B. 双击选项按钮

    C. 先单击选项组，并选择"编辑"命令，然后再单击选项按钮

    D. 以上 B 和 C 都可以

10. 下面关于列表框和组合框的陈述中，哪个是正确的？

    A. 列表框和组合框都可以设置成多重选择

    B. 列表框可以设置成多重选择，而组合框不能

    C. 组合框可以设置成多重选择，而列表框不能

    D. 列表框和组合框都不能设置成多重选择

11. 数据环境泛指定义表单或表单集时使用的（　　　　），包括表、视图和关系。

    A. 数据　　　　　　B. 数据库　　　　　　C. 数据源　　　　　　D. 数据项

12. Init 事件由（　　　）时引发。

    A. 对象从内存中释放　　　　　　　　　　B. 事件代码出现错误

    C. 方法代码出现错误　　　　　　　　　　D. 对象生成

13. Show 方法用来将（　　　）。

    A. 表单的 Enabled 属性设置为.F.　　　　　　B. 表单的 Visible 属性设置为.F.

    C. 表单的 Visible 属性设置为.T.　　　　　　D. 表单的 Enabled 属性设置为.T.

14. 对象的相对引用中，要引用当前操作的对象，可以使用的关键字是（　　　）。

    A. Parent　　　　　B. ThisForm　　　　　C. ThisFormSet　　　　　D. This

15. 关于容器，以下叙述中错误的是（　　　）。

    A. 容器可以包含其他控件

    B. 不同的容器所能包含的对象类型都是相同的

    C. 容器可以包含其他容器

    D. 不同的容器所能包含的对象类型是不相同的

16. 设计表单时，要指明表单窗口的颜色，可通过对表单的（　　　）属性进行设置。

    A. AlwaysOnTop　　　B. Caption　　　　　C. BackColor　　　　D. Movable

17. 下面表单及控件常用的事件中，与鼠标操作相关的是（　　　）。

    A. Click 事件　　　　　　　　　　　　　B. DblClick 事件

    C. RightClick 事件　　　　　　　　　　　D. 以上 3 个都是

18. 在下列控件中，不需要为控件指定数据源的是（　　　）。

    A. 复选框　　　　　B. 列表框　　　　　C. 命令按钮　　　　D. 选项组

19. PasswordChar 属性仅适用于（　　　）。

    A. 文本框　　　　　B. 组合框　　　　　C. 列表框　　　　　D. 复选框

20. InputMask 属性用于指定（　　　）。

    A. 文本框控件内是显示用户输入的字符还是显示占位符

    B. 返回文本的当前内容

    C. 一个字段或内存变量

    D. 在一个文本框中如何输入和显示数据

21. 要定义标签控件的标题，应定义标签的（　　　）属性。

    A. FontSize　　　　　　　B. Caption　　　　　　　C. Height　　　　　　　D. AutoSize

22. 在表单运行中，如果复选框变为不可用，其 Value 属性值是（　　　）。

    A. 1　　　　　　　　　　B. 2 或 Null　　　　　　　C. 0　　　　　　　D. 不确定

23. 在表单控件中，既可作为接收输入数据，又可作为编辑现有数据的控件是（　　　）。

    A. 文本框　　　　　　　B. 列表框　　　　　　　C. 复选框　　　　　　　D. 标签

24. 在下列对象中，属于容器类的是（　　　）。

    A. 文本框　　　　　　　B. 表格　　　　　　　C. 组合框　　　　　　　D. 命令按钮

25. 为表单 Form1 添加事件或方法代码，改变该表单值的控件 Command1 的 Caption 属性，正确的命令是（　　　）。

    A. Form1.Command1.Caption ="计算"　　　　　　　B. THIS.Command1.Caption="计算"

    C. THISFORM.Cammand1.Caption="计算"　　　　　　　D. THISFORMSET.Command1.Caption="计算"

26. 当用户按下并松开鼠标左键或在程序中包含了一个触发该事件的代码时，将产生（　　　）事件。

    A. Load　　　　　　　B. Active　　　　　　　C. Click　　　　　　　D. Error

27. 要运行一个设计好的表单，可以在命令窗口使用（　　　）命令。

    A. CREATE　FORM　　　　　　　B. LIST　FORM

    C. DO　FORM　　　　　　　D. OPEN　FORM

28. 已知一个表单中有一个文本框 Text1 和一个命令按钮组 CommandGroup 1，命令按钮组中包含 Command 1 和 Command 2 两个命令按钮，如果要在 Command 1 命令按钮的某个方法中访问文本框的 Value 属性值，下列式子中正确的是（　　　）。

    A. Parent.Parent.Text1.Value　　　　　　　B. This.ThisForm.Text1.Value

    C. This.Parent.Parent.Text1.Value　　　　　　　D. This.Parent.Text1.Value

29. 在表单控件中，可包括多个选项卡的控件是（　　　）。

    A. 文本框　　　　　　　B. 编辑框　　　　　　　C. 组合框　　　　　　　D. 页框

30. （　　　）属性决定图像框控件大小尺寸能否自动调整。

    A. Border5tyle　　　　　　　B. Picture　　　　　　　C. Stretch　　　　　　　D. AutoSize

二、填空题

1. Visual FoxPro 的类有两种，即_____和_____。表单属于_____类，命令按钮属于_____。

2. 对于列表框控件，当其_____发生变化时，将触发 InteractiveChange 事件。

3. 组合框兼有下拉列表框和_____的功能。

4. 选项按钮组是_____对象；现有一个选项按钮组有 6 个选项按钮，如果用户选择了第 4 个按钮，则选项按钮组的 Value 属性值为_____。

5. 计时器（timer）控件中设置时间间隔的属性 Interval 为大于 0 的值,定时发生的事件为_____。

6. 在 Visual FoxPro 系统中，同时设定多个对象的同一个属性。设定前必须同时_____这些对象。

7. 在表单运行时，可以按_____键使焦点在控件间移动。

8. 设置标签控件时，标题文本对齐方式默认的设置是_____。

9. Visual FoxPro 中的类可以分为_____和_____。

10. 对象具有属性、事件和_____。

11. Visual FoxPro 中提供了两种表单向导，分别是_____和_____。

12. 表单的扩展名是_____，与表单同时产生的表单备注文件扩展名是_____。

13. 选项按钮组属于_____类，它的_____属性表明该选项组中含有选项的数目。

14. 在表单中创建表格控件时，用来指定表格列的具体数目的属性是_____。

15. 建立表单有 3 种方法，它们是_____、_____、_____。

16. 计时器控件的 Enabled 属性是用于控制计时器和_____。

17. 组合框和列表框都可以用_____方法删除列表项。

18. 可设置控件的背景类型的属性是_____。

19. 表单中可以输入多行文本的控件为_____。

20. Visual FoxPro 中提供了两种表单向导，分别是_____和_____。

三、问答题

1. 标签控件的主要属性有哪些？为了让某一标签对象可以显示多行文本信息，应如何设置其属性？

2. 文本框控件与编辑框控件有何不同？

3. 列表框控件与组合框控件有何不同？

4. 对于选项按钮组来说，如果 ControlSource 属性设置为某表的字段，则该字段中保存的值是否为选项按钮组的 Value 属性值？

5. 复选框控件有几种可能的状态？其 Value 属性值可以为哪几种数据类型？

6. 表格的 DeleteMark 属性有何作用？

7. 微调框控件的主要属性有哪些？

8. 在利用计时器控件时，应考虑哪些方面的问题？

9. 形状控件的 Curvature 属性值对形状对象的外观有何影响？

10. 命令按钮控件的访问键应在哪个属性中进行设置？

11. 系统默认的表单上各个控件的【Tab】键次序是什么？如何修改【Tab】键次序？

12. 哪些属性可以控制表单上的控件是否有提示文本以及提示文本的内容？

13. 页框的 Tabs 属性与 TabStyle 属性对页框的外观有何影响？

第一部分　上机指导

一、实验目的

1. 掌握用"报表向导"创建报表。
2. 掌握用"报表设计器"创建和修改报表。
3. 掌握用"标签向导"创建标签。
4. 掌握用"标签设计器"创建和修改标签。

二、知识介绍

1. 报表

Visual FoxPro 向用户提供了设计报表的可视化工具：报表设计器。在报表设计器中，可以直接从项目管理器，或者数据环境中将需要输出的表或字段拖放到报表中，可以添加线条、矩形、圆角矩形、图像等控件，通过鼠标的拖动就能改变控件的位置和大小。它提供了多种方式显示表的内容，而且不需要进行任何的编程。

报表包括两个基本组成部分：数据源和布局。数据源通常是数据库中的表，也可以是视图、查询或临时表。报表布局定义了报表的打印格式。在定义了一个表或一个视图或查询后，便可以创建报表或标签。

报表的创建过程包括指定数据源并定义报表的样式。系统将报表样式保存在扩展名为.frx 的报表文件中，其相关文件为.frt。创建报表方法有 3 种：①用"报表向导"创建；②用"报表设计器"创建；③用"快速报表"创建。

（1）报表带区

需要在报表中输出的内容将被放在报表设计器窗口里。根据输出内容性质的不同，系统将它分成了多个带区，在创建一个新报表时默认有 3 个带区。

① 页标头：该带区的内容在每页的顶端打印一次，用来说明该列细节区的内容，通常就是该列所打印字段的字段名。

② 细节：细节带区紧随在页标头内容之后打印，是报表中的最主要带区，用来输出表中记录的内容，打印行数由实际输出表中的记录数决定，每条记录打印一行。

③ 页注脚：与页标头类似，每页只打印一次，但它是打印在每页的尾部。

如果需要，还可以增加带区。对于简单报表，选择"报表"菜单中"标题/总结"菜单项，能够增加两个带区：

① 标题：每个报表只打印一次，打印在报表的最前面。

② 总结：每个报表只打印一次，打印在报表细节区的尾部，一般用来打印整个报表中数值字段的合计值。

如果对报表进行了分组，则还会自动增加"组标头"、"组注脚"带区，它们的作用与"页标头"、"页注脚"相似，分别在每个组的开始与结尾部分打印一次。

（2）制表工具

选定对象：该按钮按下后允许以拖动方式选择控件。

标签 **A**：用于输入文字，安排标题的位置，可以选择"格式"菜单中的命令修饰字形和大小。

域控件 **abl**：进入"报表表达式"对话框，用于输入字段、变量、函数或表达式来安排数据的位置。

线条 **十**：用于画出表格上的连线并安排其位置，细节区打印次数是由记录数决定的，因此连线时需要注意不同记录之间的连贯性。

ActiveX 绑定控件 **圖**：用于图片等 OLE 通用型字段的打印。

2. 标签

标签可以说是一种简易的报表，它的创建过程和报表的基本相同。标签保存在扩展名为.lbx 的标签文件中，其相关文件为.lbt。

三、实验示例

【例 11.1】创建一个单表报表，以 xsxx.dbf 表为数据源，显示表中的全部数据。步骤如下：

① 打开"项目管理器"，选择"文档"选项卡。

② 选择"报表"选项，单击"新建"按钮，出现如图 11-1 所示对话框，单击"报表向导"按钮，出现如图 11-2 所示对话框，选择"报表向导"选项。

图 11-1 "新建报表"对话框

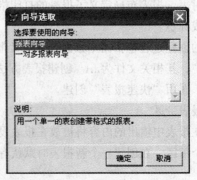

图 11-2 "向导选取"对话框

③ 在"向导选取"对话框中，有"报表向导"和"一对多报表向导"两个列表选项，其中第一个选项的向导是用来创建单一表或视图创建的带格式报表的；第二项是用来创建一组父表记录及其相关子表记录的报表的。选择第一个选项。

④ 单击"确定"按钮后，出现步骤 1-"字段选取"对话框，如图 11-3 所示。

⑤ 选择 XSXX 表中的所有字段。

⑥ 单击"下一步"按钮，出现如图 11-4 所示对话框。

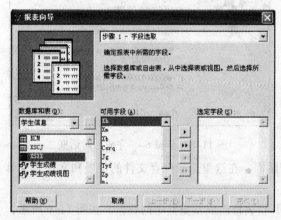

图 11-3 步骤 1-"字段选取"对话框

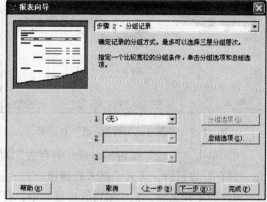

图 11-4 步骤 2-"分组记录"对话框

⑦ 这一步是选择分组记录所依据的字段，在该对话框中可设置 3 级分组字段，在每一级的下拉列表中可选择所需要的字段。选择字段后，可以单击"分组选项"和"总结选项"按钮来进一步完善分组设置。此处不作分组选择。单击"下一步"按钮。

⑧ 进入步骤 3-"选择报表样式"对话框，如图 11-5 所示。

⑨ 选择"经营式"选项，单击"下一步"按钮。进入步骤 4-"定义报表布局"对话框，如图 11-6 所示。

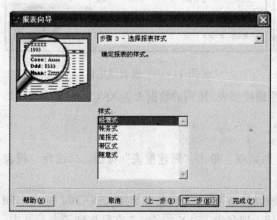
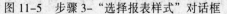

图 11-5 步骤 3-"选择报表样式"对话框

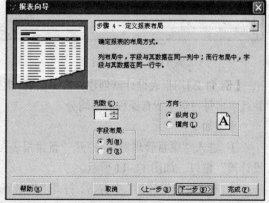

图 11-6 步骤 4-"定义报表布局"对话框

⑩ 选择纵向布局方式。单击"下一步"按钮，进入步骤 5-"排序记录"对话框，如图 11-7 所示。

⑪ 选择按"Xh"字段升序排列，单击"下一步"按钮，进入步骤 6-"完成"对话框，如图 11-8 所示。

图 11-7　步骤 5-"排序记录"对话框　　　　　图 11-8　步骤 6-"完成"对话框

⑫ 单击"完成"按钮，出现"另存为"对话框，在这里选择保存文件的位置和文件名，单击"保存"按钮后，完成了报表的创建。

⑬ 建立完成后，在"项目管理器"中，打开报表修改或预览其中的数据。如图 11-9 所示，为创建好的报表，图 11-10 为预览后的数据。

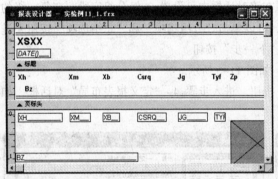

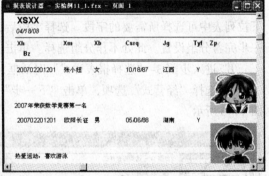

图 11-9　报表设计器　　　　　　　　　　图 11-10　报表预览窗口

【例 11.2】用报表设计器创建一对多报表：学生成绩报表，用到的数据表为 XSXX.dbf 和 xscj.dbf，并且求出每一学生所有课程的平均分。

步骤如下：

① 进入"项目管理器"，打开"新建报表"对话框，单击"新建报表"按钮，即出现"报表设计器"窗口，如图 11-11 所示。

② 在"报表设计器"中右击，打开"数据环境设计器"窗口，向其中添加 XSXX.dbf 和 xscj.dbf 两个表，并且根据"xh"字段创建两表之间的连接（把父表 XSXX 的"xh"字段拖到子表 xscj 中，连接即可创建好），如图 11-12 所示。

③ 回到"报表设计器"窗口，在"报表"菜单中选择"数据分组"命令，设置分组字段为"XSXX.xh"，并且设置组属性为：每组从新的一页上开始，每页都打印组标头。"数据分组"对话框如图 11-13 所示。

④ 单击"确定"按钮,"报表设计器"窗口就多了"组标头"和"组注脚"两个带区,如图 11–14 所示。

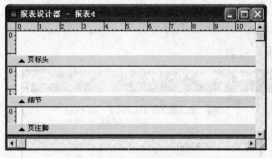

图 11-11　报表设计器

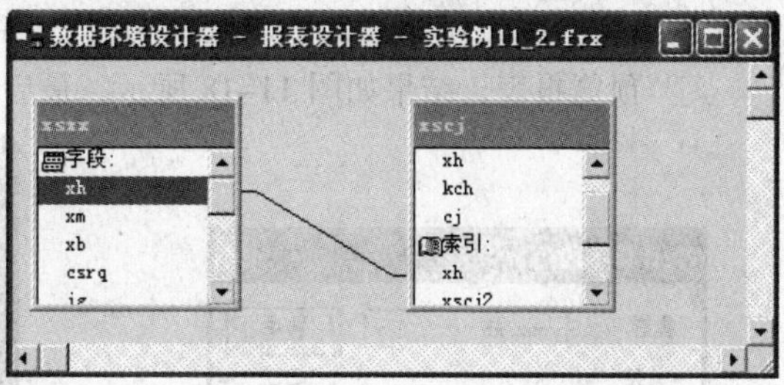

图 11-12　数据环境设计器

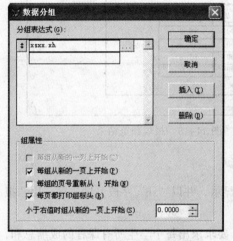

图 11-13　"数据分组"对话框

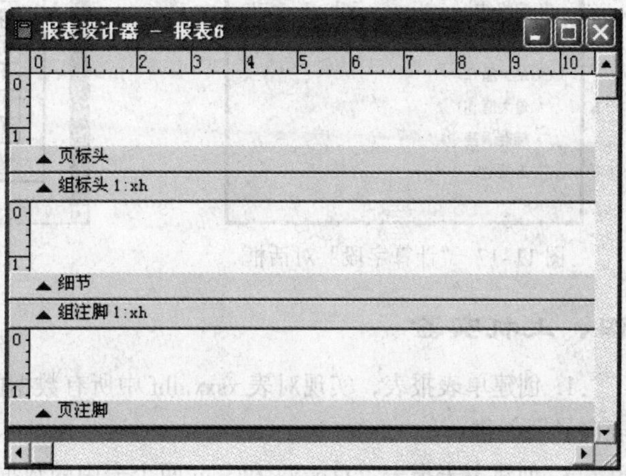

图 11-14　含分组带区的"报表设计器"

⑤ 设计报表布局,把需要的字段从"数据环境"中拖入相应带区,如图 11-15 所示。

⑥ 图 11-15 所示中,包含变量、标签以及线条等控件。在组注脚带区中的平均分 cj 是一个域变量,在报表中创建域变量会弹出如图 11-16 所示的对话框。

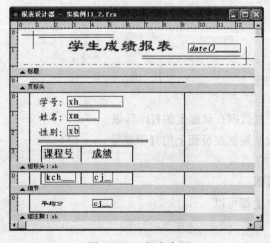

图 11-15　报表布局

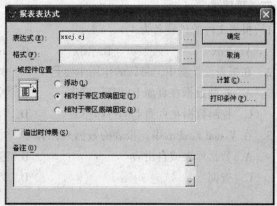

图 11-16　"报表表达式"对话框

在"表达式"文本框中输入 xscj.cj，然后单击"计算"按钮，打开如图 11-17 所示对话框，设置该字段为平均值计算。

设置完成后，单击"确定"按钮回到图 11-16，再单击"确定"按钮，域变量 cj 就设置好了，它求的是当前组的 cj 字段的平均值。

⑦ 预览报表，结果如图 11-18 所示。最后保存报表。

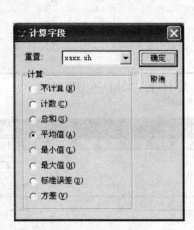

图 11-17　"计算字段"对话框

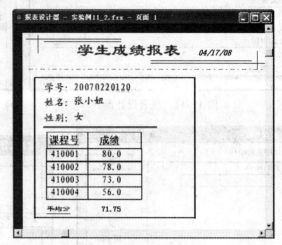

图 11-18　报表预览结果

四、上机实验

1. 创建单表报表，实现对表 xsxx.dbf 中所有数据的显示，并以"xh"字段升序排序，用"报表向导"创建。

2. 创建多表报表，对 xsxx 和 xscj 两个表中的数据，要求求出每个学生所有课程的成绩总和，用"报表设计器"实现。

3. 创建标签，显示 kcm.dbf 表中的所有数据。

第二部分　习　　题

一、选择题

1. 报表文件的扩展名为（　　　）。

 A．.cdx   B．.frx   C．.qpx   D．.fxp

2. 在报表设计器中，带区的作用主要是（　　　）。

 A．控制数据在页面上的打印宽度   B．控制数据在页面上的打印区域

 C．控制数据在页面上的打印位置   D．控制数据在页面上的打印数量

3. 在 Visual FoxPro 中，报表的数据来源有（　　　）。

 A．数据库表或自由表   B．视图

 C．查询   D．以上都可以

4. 利用"一对多报表向导"创建的一对多报表，把来自两个表中的数据分开显示，父表中的数据显示在（　　　）带区，而子表中的数据显示在细节带区。

    A. 标题　　　　　　B. 页注脚　　　　　　C. 组标头　　　　　　D. 组注脚

5. 下列关于报表带区及其作用的叙述中，错误的是（　　　）。

    A. 对于"页标头"带区，系统打印一次该带区所包含的内容

    B. 对于"标题"带区，系统只在报表开始时打印一次该带区的内容

    C. 对于"细节"带区，每条记录只打印一次

    D. 对于"组标头"带区，系统将在数据分组时打印一次其内容

6. 下列关于调整带区高度的说法中，错误的是（　　　）。

    A. 可以使用左侧标尺作为指导，标尺量度可指定带区高度和页边距

    B. 不能是带区高度小于布局中控件的高度

    C. 如果要升高带区高度，可用鼠标选中某一带区标识栏，然后上下拖动该带区

    D. 可以在对话框中直接输入高度值，或通过"微调"按钮调整"高度"的数值

7. 对报表进行数据分组后，报表会自动包含的带区是（　　　）。

    A. "细节"带区

    B. "组标头"和"组注脚"带区

    C. "细节"、"组标头"和"组注脚"带区

    D. "标题"、"细节"、"组标头"和"组注脚"带区

8. 在 Visual FoxPro 中，（　　　）用来定义报表的打印格式。

    A. 控件　　　　　B. 对象　　　　　　C. 报表布局　　　　　　D. 带区

9. 创建分组报表需要按（　　　）进行索引和排序，否则不能保证正确分组。

    A. 升序　　　　　B. 分组表达式　　　　　C. 降序　　　　　　D. 字段

10. 下列创建报表的方法中，正确的一项是（　　　）。

    A. 使用报表设计器创建自定义报表　　　　B. 使用报表向导创建报表

    C. 使用快捷报表创建报表　　　　　　　　D. 以上都正确

11. 如果要隐藏报表控件工具栏，可单击（　　　）菜单中的"工具栏"命令，从打开的"工具栏"对话框中选定或取消要显示或隐藏的工具栏。

    A. 显示　　　　　B. 编辑　　　　　　C. 格式　　　　　　D. 工具

12. 对于报表中不需要的控件，选定后按（　　　）键（组合键）可删除控件。

    A. 【Shift】　　　B. 【Delete】　　　C. 【Crtl+W】　　　D. 【Crtl+X】

13. 下列选项中，不能作为报表数据源的是（　　　）。

    A. 数据库表　　　B. 表单　　　　　　C. 视图　　　　　　D. 自由表

14. 报表的列注脚是为了表示（　　　）。

    A. 分组数据的计算结果　　　　　　　　　B. 总结

    C. 总结或统计　　　　　　　　　　　　　D. 每页总计

15. 常用的报表布局有一对多报表、多列报表、和（　　　）。

    A. 标签报表　　　B. 行报表　　　　　C. 列报表　　　　　　D. 以上都是

二、填空题

1. 如果已经设定了对报表分组，报表中将包含_____和_____带区。

2. 报表由_____和_____两个基本部分组成。

3. 数据源是报表的数据来源，报表的数据源通常是数据库中的表或自由表，也可以是_____、_____或临时表。

4. 如果要预览报表设计器中的内容，可选择_____菜单中的"预览"命令。

5. 在_____中，不但可以设计报表布局，规划数据在页面上的打印位置，而且可以添加各种控件。

6. 在 Visual FoxPro 中，域控件用于_____。

7. 在打印报表时，对"细节"带区的内容默认为_____的打印顺序，为了在页面上打印出多个栏目来，需要把打印顺序设置为_____。

8. 在命令窗口或程序中用_____命令可以打印或预览指定的报表。

9. 在 Visual FoxPro 中，多个数据分组基于_____。

10. 设计报表时用来管理数据源的环境称为_____。

第 12 章

菜单和工具栏设计

第一部分 上 机 指 导

一、实验目的

1. 掌握下拉式菜单的建立、修改、保存和执行。
2. 掌握菜单栏和菜单项的建立。
3. 掌握快捷菜单的建立。
4. 掌握自定义工具栏的建立。
5. 熟悉协调菜单和工具栏的方法。

二、知识介绍

1. 创建菜单系统的步骤

① 规划与设计系统。

② 创建菜单和子菜单。

③ 按实际要求为菜单系统指定任务。

④ 生成菜单程序。

⑤ 执行菜单程序。

2. 下拉式菜单设计

（1）规划与设计系统

设计下拉式菜单的组成结构及它们的属性设置。

（2）创建菜单和子菜单

打开菜单设计器，在"菜单名称"文本框中依次输入子菜单标题或菜单项名称，并确定每个子菜单或菜单项的结果。

（3）为菜单或菜单项指定任务

① 为"结果"下拉列表框中是命令的菜单项输入命令。

② 为"结果"下拉列表框中是过程的菜单项输入过程代码。

（4）完善菜单

① 定义菜单的各项菜单项时，将功能相关的菜单项分为一组，不同组之间添加一条分组线。

② 设定键盘快捷键。

③ 启用和禁用菜单项。

④ 设定提示信息。

⑤ 设定键盘访问键。

（5）确定正在创建的下拉式菜单的父容器对象

① 正在创建下拉式菜单的父容器对象为系统对象"_SCREEN"：在"显示"菜单中选择"常规选项"命令将弹出"常规选项"对话框，取消选中对话框中的"顶层表单"复选框。

② 正在创建下拉式菜单的父容器对象为一个顶层表单：在"显示"菜单中选择"常规选项"命令将弹出"常规选项"对话框，选中对话框中的"顶层表单"复选框。

（6）保存菜单

系统将所设计的菜单保存为一个以.mnx 为扩展名的菜单文件，同时生成一个以.mnt 为扩展名的菜单备注文件。

（7）生成菜单

利用已建立的菜单文件，生成以.mpr 为扩展名的菜单程序文件。

（8）运行菜单

运行以.mpr 为扩展名的菜单程序，将生成或执行以.mpx 为扩展名的菜单程序文件。

3. 快捷菜单设计

（1）创建菜单

打开快捷菜单设计器，在"菜单名称"文本框中依次输入菜单项名称，并确定每个菜单项的结果。

（2）保存和生成菜单程序

（3）调用快捷菜单

① 在应用程序中调用快捷菜单命令：ON KEY LABEL RIGHTMOUSE DO <快捷菜单名>.mpr。

② 控件或对象的 RightClick 事件（过程）中执行菜单命令：DO <快捷菜单名>.mpr。

4. 工具栏设计

（1）新建工具栏类

（2）向工具栏类添加控件（对象）

（3）编写事件代码

（4）将工具栏添加到顶级表单或将工具栏添加到系统对象"_SCREEN"中

5. 协调菜单和工具栏

如果创建了工具栏，则应该使菜单命令与对应的工具栏按钮同步工作。为此，在设计与创建应用程序时应做到：

① 无论用户使用工具栏按钮，还是使用与按钮相关联的菜单项，都执行同样的操作。

② 相关的工具栏按钮与菜单项具有相同的可用或不可用属性。

三、实验示例

【例 12.1】创建工具栏类"toolbars"

1. 新建工具栏类"toolbars"

打开如图 12-1 所示的"新建类"对话框,新建一个以 Toolbar 为基类的自定义类"toolbars",存放在类库"d:\学生信息管理\libs\comm.vcx"中。

2. 向工具栏类"toolbars"添加控件(对象)

打开类设计器为新建的工具栏类添加控件(对象),如图 12-2 所示。创建工具栏后,必须定义与工具栏及其按钮相关的操作。也就是为它的事件或方法编写代码,这与定义一般的控件对象相关的操作基本一样。

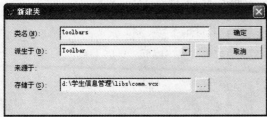

图 12-1   "新建类"对话框   图 12-2   工具栏类"toolbars"

3. 设置工具栏类"toolbars"各对象属性

工具栏类"toolbars"对象及其属性值如表 12-1 所示。

表 12-1   工具栏类"toolbars"对象及其属性值

对 象 类 型	对 象 名	属 性 名	属 性 值
类 toolbars		ShowWindow	0
		Caption	学生管理系统工具栏
Image	Image1	ToolTipText	学生情况录入与维护
		Picture	d:\学生信息管理\images\001.bmp
	Image2	ToolTipText	学生成绩录入与维护
		Picture	d:\学生信息管理\images\002.bmp
	Image3	ToolTipText	课程名称录入与维护
		Picture	d:\学生信息管理\images\003.bmp
	Image4	ToolTipText	用户密码录入与维护
		Picture	d:\学生信息管理\images\004.bmp
	Image5	ToolTipText	学生基本情况查询
		Picture	d:\学生信息管理\images\005.bmp
	Image6	ToolTipText	学生成绩查询
		Picture	d:\学生信息管理\images\006.bmp

对 象 类 型	对 象 名	属 性 名	属 性 值
Image	Image7	ToolTipText	打印学生基本情况
		Picture	d:\学生信息管理\images\007.bmp
	Image8	ToolTipText	打印家长通知书
		Picture	d:\学生信息管理\images\008.bmp

4. 设置工具栏类 "toolbars" 各对象 Click 事件代码

（1）Image1 的 Click 事件代码

```
this.parent.setall("enabled",.F.,"Image")
DO FORM myforms\学生基本情况录入与维护.scx
this.parent.setall("Enabled",.T.,"Image")
this.parent.image4.Enabled=1f
```

（2）Image2 的 Click 事件代码

```
this.parent.setall("enabled",.F.,"Image")
DO FORM myforms\学生成绩录入与维护.SCX
this.parent.setall("Enabled",.T.,"Image")
this.parent.image4.Enabled=1f
```

（3）Image3 的 Click 事件代码

```
this.parent.setall("enabled",.F.,"Image")
DO FORM myforms\课程名称录入与维护.scx
this.parent.setall("Enabled",.T.,"Image")
this.parent.image4.Enabled=1f
```

（4）Image4 的 Click 事件代码

```
this.parent.setall("enabled",.F.,"Image")
DO FORM myforms\用户密码录入与维护.scx
this.parent.setall("Enabled",.T.,"Image")
this.parent.image4.Enabled=1f
```

（5）Image5 的 Click 事件代码

```
this.parent.setall("enabled",.F.,"Image")
DO FORM myforms\学生基本情况查询.scx
this.parent.setall("Enabled",.T.,"Image")
this.parent.image4.Enabled=1f
```

（6）Image6 的 Click 事件代码

```
this.parent.setall("enabled",.F.,"Image")
DO FORM myforms\学生成绩查询.scx
this.parent.setall("Enabled",.T.,"Image")
this.parent.image4.Enabled=1f
```

（7）Image7 的 Click 事件代码

```
this.parent.setall("enabled",.F.,"Image")
REPORT FORM myreports\打印学生基本情况.frx  PREVIEW
this.parent.setall("Enabled",.T.,"Image")
this.parent.image4.Enabled=1f
```

（8）Image8 的 Click 事件代码

```
this.parent.setall("enabled",.F.,"Image")
REPORT FORM myreports\打印家长通知书.frx  PREVIEW
```

```
this.parent.setall("Enabled",.T.,"Image")
this.parent.image4.Enabled=1f
```

【例 12.2】学生信息管理管理系统中菜单"主菜单"的设计。

1. 为学生信息管理管理系统创建一个下拉式菜单系统

① 菜单栏有"数据录入与维护"、"数据查询"、"数据输出"和"退出"四项。

② "数据录入与维护"子菜单包括"学生基本情况录入与维护"、"学生成绩录入与维护"、"课程名称录入与维护"和"用户和密码录入与维护"4 项，并在"课程名称录入与维护"和"用户和密码录入与维护"之间插入一条分组线。

③ "数据查询"子菜单包括"学生基本情况查询"和"学生成绩查询"两项。

④ "数据输出"子菜单包括"打印学生基本情况"和"打印家长通知书"两项。

⑤ "退出"子菜单包括"打开快捷菜单"和"退出系统"两项，并在"打开快捷菜单"和"退出系统"之间添加一条分组线。

2. 创建菜单

输入菜单栏名称，确定每个菜单的结果，如图 12-3 所示。

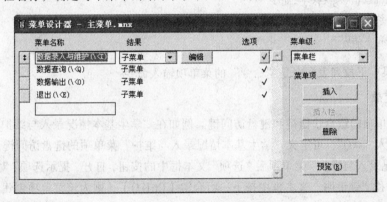

图 12-3　设计"主菜单"菜单的菜单栏

3. 创建子菜单

（1）创建"数据录入与维护"子菜单

输入子菜单项名称，确定每个子菜单项的结果，如图 12-4 所示。

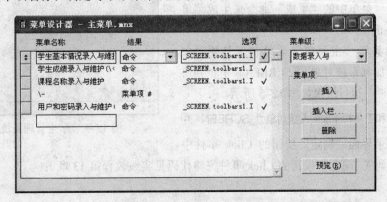

图 12-4　设计"数据录入与维护"子菜单

（2）创建"数据查询"子菜单

输入子菜单项"学生基本情况查询"和"学生成绩查询"，每个菜单项结果栏的结果为"命令"。

（3）创建"数据输出"子菜单

输入子菜单项"打印学生基本情况"和"打印家长通知书"，每个菜单项结果栏的结果为"命令"。

（4）创建"退出"子菜单

输入子菜单项"打开快捷菜单"和"退出系统"，它们结果栏的结果都为"过程"，在"打开快捷菜单"和"退出系统"菜单项之间插入分组线。

① "打开快捷菜单"菜单项过程代码如下：

```
clear
PUSH KEY CLEAR                                    &&清除以前设置过的功能键
ON KEY LABEL RIGHTMOUSE DO myprogram\openmenu      &&s 设置鼠标右键为功能键
```

② 创建一个文件名为"openmenu.prg"的程序文件，保存在"D:\学生信息管理\myprogram"文件夹中，程序代码如下：

```
clear
DEACTIVATE POPUP 快捷菜单
do mymenu\快捷菜单.mpr
```

③ "退出系统"菜单项过程代码如下：

```
clear events
quit
```

（5）"结果"下拉列表框中是"命令"的菜单项输入命令

4. 完善菜单

设定各菜单项的键盘快捷键和键盘访问键。例如在"学生基本情况录入与维护"菜单项名称的任意位置输入"\<Q"，可定义"学生基本情况录入与维护"菜单项的键盘访问键为【Q】。单击"学生基本情况录入与维护"菜单项后"选项"文本框中的按钮，打开"提示选项"对话框，在"键标签"文本框和"键说明"文本框中按下一组合键【Ctrl+Q"】，则为该菜单项创建了键盘快捷键【Ctrl+Q】。

5. 保存和生成菜单

将"主菜单"菜单保存在"D:\学生信息管理\mymenu"文件夹中，生成"主菜单.mnx"文件。然后选择"菜单"菜单中的"生成"命令来生成菜单程序"主菜单.mpr"。

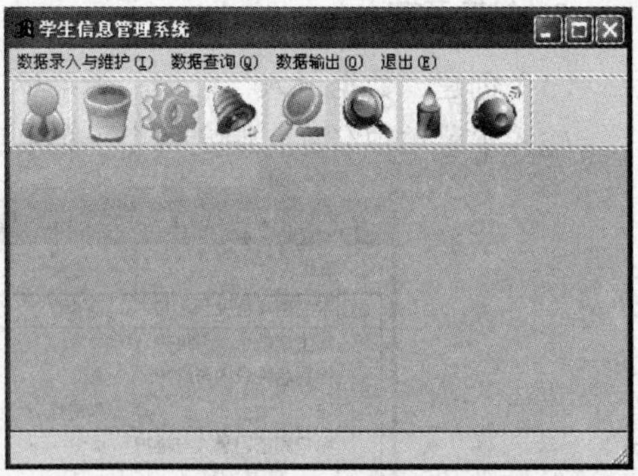

【例 12.3】将"主菜单"菜单和工具栏对象"toolbars1"添加到系统对象"_SCREEN"中，并协调菜单和工具栏，运行结果如图 12-5 所示。

1. 将菜单和工具栏添加到系统对象"_SCREEN"中

在系统登录界面"确定"按钮的 Click 事件中应包含以下代码（"确定"按钮的 Click 事件完整代码见实践教程第 13 章）：

图 12-5　学生管理系统主界面

```
public lf
*在 "_screen" 对象中加入自定义工具栏类 "toolbars" 对象 "toolbars1"。
_screen.AddProperty("toolbars1","")  &&为对象 "_screen" 添加属性 "toolbars1"
_screen.toolbars1=NEWOBJECT('toolbars','libs\comm')
_Screen.toolbars1.show
_Screen.toolbars1.dock(0)
_Screen.toolbars1.ControlBox=.F.
*在根据登录用户的权限值确定全局变量 "lf" 的初始值。
if qx<>1
  lf=.F.
else
  lf=.T.
endif
*在 "_screen" 对象中加入 "主菜单"。
do mymenu\主菜单.mpr
```

2. 协调 "主菜单" 菜单中的菜单项和工具栏对象 "toolbars1"

在 "主菜单" 菜单的各子菜单项命令编辑框中添加如下代码：

① 在命令编辑框中添加如下代码：_screen.toolbars1.<对象名>.Click。

② 在 "跳过" 编辑框中输入如下表达式：not _screen.toolbars1.<对象名>.Enabled。

例如要协调 "主菜单" 菜单中的 "学生基本情况录入与维护" 菜单项与工具栏对象 "toolbars1"，可以在 "学生基本情况录入与维护" 菜单项后的命令编辑框中添加如下代码：

```
_screen.toolbars1. Image1.Click
```

在 "跳过" 编辑框中输入如下表达式：NOT _SCREEN.toolbars1.Image1.Enabled

【例 12.4】将 "主菜单" 菜单和工具栏对象 "toolbars1" 添加到顶层表单 "顶层表单.scx" 中，并协调菜单和工具栏。

1. 将工具栏添加到顶层表单 "顶层表单.scx" 中

在顶级表单添加工具栏的具体步骤如下：

（1）建立顶层表单

使用表单设计器建立一个表单，表单文件名为 "顶层表单.scx"，将其 "ShowWindow" 属性设置为 "2 - 作为顶层表单"，并新建属性 "mytools"。

（2）编写表单 "Activate Event" 事件代码

```
This.mytools=NewObject("ToolBars","libs\comm")
&&新建一个 "ToolBars" 对象变量，并将其赋值给 "mytools" 属性变量
This.mytools.show()
This.mytools.dock(0)    &&将工具栏置顶
This.mytools.ControlBox=.F.
```

（3）设置自定义类 "ToolBars" 属性

```
类 "ToolBars" 属性 ShowWindow=1
```

2. 将菜单添加到顶层表单 "顶层表单.scx" 中

打开菜单设计器，同时打开 "显示" 菜单的 "常规选项" 对话框，选中 "顶层表单" 复选框。然后为 "顶层表单.scx" 的 Init 事件或 Load 事件添加如下代码：

```
DO mymenu\主菜单.mpr With This, .T.
```

3. 协调"主菜单"菜单中和工具栏对象"toolbars1"

对每个子菜单项，调用相关工具栏图像的 Click 事件对应的代码；在本例中，工具栏对象变量名"mytools"，工具栏第一个图像的名字为"Image1"，包含工具栏的表单变量名为"formtemp"，那么要协调"主菜单"菜单中的"学生基本情况录入与维护"菜单项与工具栏对象"toolbars1"，可以在"学生基本情况录入与维护"菜单项后的命令编辑框中添加如下代码：

```
formtemp.mytools.Image1,Click
```

在"跳过"编辑框中输入如下表达式：

```
NOT formtemp.mytools.Image1.Click
```

4. 运行表单

在命令窗口中输入命令：DO FORM myforms\顶层表单.scx NAME formtemp

运行结果如图 12-6 所示。

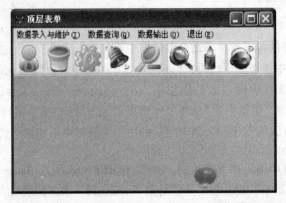

图 12-6　学生管理系统主界面（顶层表单）

【例 12.5】创建名为"打开快捷菜单"的快捷菜单，功能是设置学生信息管理系统主界面的背景图。

1. 创建"快捷菜单"菜单

打开快捷菜单设计器，在"菜单名称"文本框中依次输入菜单项名称，并确定每个菜单项的结果，如图 12-7 所示。

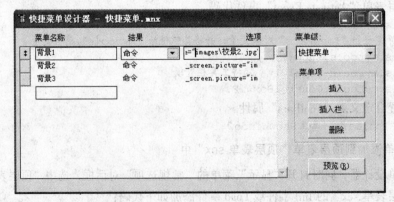

图 12-7　创建"快捷菜单"菜单

2. 保存和生成菜单程序

将"快捷菜单"菜单保存在"D:\学生信息管理\mymenu"文件夹中,生成"快捷菜单.mnx"文件。然后选择"菜单"菜单中的"生成"命令来生成菜单程序"快捷菜单.mpr"。

四、上机实验 (第(2)题和第(3)题任选一题)

1. 创建工具栏类 toolbars。

2. 创建学生信息管理管理系统中"主菜单"菜单,并协调菜单和工具栏(菜单的父容器对象为 _SCREEN)。

3. 创建学生信息管理管理系统中"主菜单"菜单,并协调菜单和工具栏(菜单的父容器对象为一个顶层表单)。

4. 创建名为"打开快捷菜单"的快捷菜单。

第二部分 习 题

一、选择题

1. 将屏蔽系统菜单的命令是(   )。

    A. SET SYSMENU AUTOATIC   B. SET SYSMENU ON

    C. SET SYSMENU OFF   D. SET SYSMENU TO DEFAULT

2. 下列说法错误的是(   )。

    A. 如果指定文件的名称为"文件(﹣F)",那么字母 F 即为该菜单的快捷键

    B. 如果指定文件的名称为"文件(\<F)",那么字母 F 即为该菜单的访问键

    C. 要将菜单项分组,系统提供分组手段是在两组之间插入一条水平的分组线,方法是在相应行的"菜单名称"列上输入"\﹣"

    D. 指定菜单项的名称,也称为标题,只能用于显示,并非内部名字

3. 在菜单设计器中,为某菜单项指定一条执行命令,应选择"结果"类型是(   )。

    A. 命令   B. 过程   C. 子菜单   D. 填充名称

4. 将用户菜单添加到系统菜单右面,可选"常规选项"中"位置"的(   )。

    A. 替换   B. 追加   C. 在…之前   D. 在…之后

5. 执行 DO mymenu\学生信息管理.mpr 命令时,实际上执行的文件是(   )。

    A. 学生信息管理.mpr   B. 学生信息管理.mpx

    C. 学生信息管理.mnx   D. 学生信息管理.mnt

6. 利用对象调用快捷菜单时,应为该对象的(   )事件编写代码。

    A. Rightclick   B. Click   C. Dbclick   D. Load

7. Visual FoxPro 支持两种类型的菜单,即(   )。

    A. 条形菜单和下拉式菜单   B. 下拉式菜单和弹出式菜单

    C. 条形菜单和弹出式菜单   D. 下拉式菜单和系统菜单

8. 菜单中的快捷键的组合键一般是(   )。

    A. Alt+字母   B. Ctrl+字母   C. 字母   D. A 和 B

9. 在命令窗口输入 CREATE MEMU 的作用是用命令方式打开（　　　）。

    A. 项目管理器   B. 菜单设计器

    C. 表单设计器   D. 报表设计器

10. 要将工具栏加入到顶层表单中，须选定"常规选项"中的（　　　）。

    A. "替换"   B. "追加"

    C. "清理"   D. "顶层菜单"

二、填空题

1. 快捷菜单一般由一个或一组上下级关系的_____组成。

2. 要把菜单添加到一个顶层表单中，首先需要在菜单设计时的打开"显示"菜单，选中"常规选项"对话框中的_____复选框；其次要将表单的 ShowWindow 属性设置为_____；最后需要在表单的_____事件代码中添加调用菜单程序的命令。

3. 清理程序在_____之前执行。

4. 要将工具栏上的关闭按钮在运行时不显示，须将_____的属性设置为.F.。

第 **13** 章

应用系统开发

第一部分 上机指导

一、实验目的

1. 熟悉应用系统开发的一般过程。
2. 掌握如何设计开发一个 Visual Foxpro 的应用系统。

二、知识介绍

开发一个 Visual FoxPro 的应用系统的一般步骤如下。

1. 系统分析

（1）可行性分析

可行性分析是在进行初步调查后所进行的对系统开发必要性和可行性的研究，所以也称为可行性研究。可行性研究最根本的任务是对以后的行动方针提出建议，并提交一个可行性分析报告。

（2）需求分析

需求分析包括对数据的分析和对应用功能的分析。系统分析往往会对最终的开发结果产生很大的影响，许多问题都应该在设计之前加以考虑。

2. 数据库设计

在开发一个完善的数据库系统前应先设计好数据库，良好的数据库设计是开发一个优秀数据库系统的前提。为了保持数据的独立性，要尽量减少数据结构与应用程序之间的相互影响与依赖。所以在数据库应用系统的开发中，数据库设计通常是一项独立的开发活动，而且总是安排在应用程序设计之前完成。

3. 系统总体设计

在系统总体设计阶段，首先根据系统功能分析的结果确定系统的功能模块结构，并画出系统的功能模块结构图，规划好系统人机界面。然后根据系统的功能要求确定所需建立的表单、菜单、视图、查询和报表等组件对象。最后，要为系统创建项目文件及规划目录结构。

4. 系统实现

在系统实现时，开发者应根据系统设计阶段的数据库设计和系统总体结构设计，利用前面章节介绍的方法来建立系统中的数据库、表以及系统中的各种组件对象。

5. 调试与测试

应用程序建立好后，可以试运行应用程序，并进行测试和调试。通过测试来找出错误，再通过调试来纠正错误，以最终达到预定的功能。

应用程序测试通过后，通过项目管理器把应用程序编译并连接成一个可执行的软件程序。

6. 应用程序发布

系统在提交用户使用前，设计者需要为用户编制应用系统的文档。软件最终成为产品，需要制作可安装方式，即进行软件发布。

7. 系统运行与维护

应用程序发布以后即可投入运行，运行阶段可能会出现问题，需要软件维护人员对系统进行调整和修改。

三、实验示例

【例 13.1】以开发一个"学生信息管理系统"为例，介绍设计、开发一个 Visual FoxPro 数据库应用系统的基本流程。

1. 系统分析

（1）数据要求

假设在调研过程中，用户提供了该系统所需的录入、输出单据，包括学生基本情况录入、学生成绩录入、课程情况录入，学生基本情况输出及学生成绩输出。

（2）功能要求

① 用户登录：确定每个用户的用户名、密码和权限，不同的用户可有不同的权限。用户的权限分为两种，权限为 1 用户可以访问所有的功能模块，权限为 2 的用户不能访问用户管理功能模块。

② 数据录入与维护：实现学生基本情况录入与维护、学生成绩录入与维护、课程情况录入与维护以及用户密码录入与维护。

③ 数据查询：能以"姓名"和"籍贯"为关键字查询学生的基本情况信息，能以"姓名"和"课程名"为关键字查询学生的成绩。

④ 数据输出：能打印输出学生的基本情况信息，能打印家长通知书。

⑤ 界面要求：美观统一。

2. 数据库设计

（1）学生信息管理数据库（Xsxxgl.Dbc）中的表结构

学生信息管理系统将各种信息组织成 4 张数据表，这些表结构如表 13-1～表 13-4 所示。

表 13-1　学生基本情况表结构（xsxx.dbf）

字　段　名	字　段　类　型	字　段　宽　度	小　数　位　数	索　引　类　型
xh	字符型	14	—	主索引
xm	字符型	8	—	—
xb	字符型	2	—	—
csrq	日期型	8	—	—
jg	字符型	8	—	—
tyf	逻辑型	1	—	—
zp	通用型	4	—	—
bz	备注型	4	—	—

其中学生基本情况表中的字段名含义：xh（学号）、xm（姓名）、xb（性别）、csrq（出生日期）、jg（籍贯）、tyf（团员否）、zp（照片）、bz（备注）。

表 13-2　课程名表结构（kcm.Dbf）

字　段　名	字　段　类　型	字　段　宽　度	小　数　位　数	索　引　类　型
kch	字符型	6	—	主索引
kcm	字符型	620	—	—
xs	数值型	3	0	—
xf	数值型	3	1	—

其中课程名表中的字段名含义：kch（课程号）、kcm（课程名）、xs（学时）、xf（学分）。

表 13-3　学生成绩表结构（xscj.Dbf）

字　段　名	字　段　类　型	字　段　宽　度	小　数　位　数	索　引　类　型
xh	字符型	14	—	普通索引
kch	字符型	6	—	普通索引
cj	数值型	5	1	—

其中学生成绩表中的字段名含义：xh（学号）、kch（课程号）、cj（成绩）。

表 13-4　用户密码表结构（yhmm.Dbf）

字　段　名	字　段　类　型	字　段　宽　度	小　数　位　数	索　引　类　型
yhm	字符型	5	—	主索引
mm	字符型	8	—	—
qx	数值型	1	0	—

其中用户密码表中的字段名含义：yhm（用户名）、mm（密码）、qx（权限）。

（2）学生信息管理数据库（Xsxxgl.Dbc）表之间的关系

学生信息管理数据库表之间的关系如图 13-1 所示。

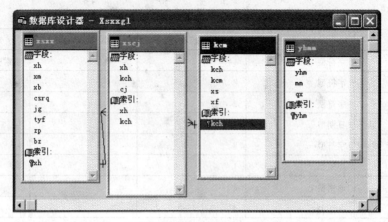

图 13-1 学生信息管理数据库表之间的关系

（3）学生信息管理数据库（Xsxxgl.dbc）的参照完整性

学生信息管理数据库中的更新规则、删除规则和插入规则都设定为限制。

3. 系统总体设计

（1）系统结构的设计

系统功能结构如图 13-2 所示。

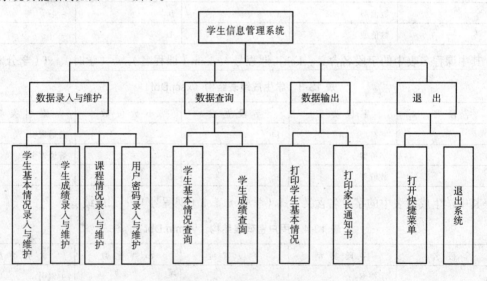

图 13-2 系统功能结构图

（2）项目文件及目录结构的设计

为该系统建立一个"学生信息管理.pjx"，建立"D:\学生信息管理"文件夹来存放该项目生成的所有文件，其目录结构如图 13-3 所示。

各类型的文件与文件目录的对应关系如下：

images（图形文件）、myprogram（应用程序文件）、myforms（表单文件）、myreports（报表文件）、mydata（数据库和表文件）、mymenu（菜单文件）、libs（类文件）、myquerys（查询与视图文件）、others（其他类型的文件）。

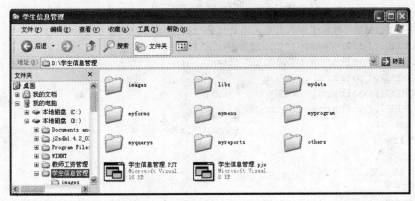

图 13-3　系统目录结构图

4. 系统实现

（1）创建数据库和数据表

可以用表设计器或 SQL 命令来创建数据库和数据表，并确定数据表之间的关系，以及设置数据库的参照完整性约束。

（2）创建登录界面

① 创建登录表单。

打开表单设计器，创建一空表单（登录.scx），并在其上添加 13 个对象：3 个标签对象、4 个线条对象、1 个组合框对象、1 个文本框和 2 个命令按钮对象、1 个形状对象、1 个自定义类 compu 对象（功能是显示一个动画）。登录表单布局如图 13-4 所示。

② 编写事件代码。

表单 Load 事件代码如下：

图 13-4　登录表单布局图

```
_screen.Caption="学生信息管理系统"
```

"确定"按钮的事件代码如下：

```
IF LEN(THISFORM.COMBO1.VALUE)=0
    MESSAGEBOX("用户名不能为空,请重新输入!",0+48+0,"空用户名")
    THISFORM.COMBO1.VALUE=""
    THISFORM.TEXT1.VALUE=""
ELSE
LOCATE FOR (LOWER(yhm)=LOWER(ALLTRIM(THISFORM.Combo1.Value)))AND ;
(LOWER(mm)=LOWER(ALLTRIM(THISFORM.Text1.Value)))
IF  FOUND()
    PUBLIC lf,yhmb
    yhmb=yhm    &&定义保存用户名的全局变量yhmb
    THISFORM.RELEASE
_SCREEN.Left=0
_SCREEN.Height=600
_SCREEN.Width=800
_SCREEN.BackColor=RGB(0,128,0)
_SCREEN.Caption="学生信息管理系统"
_SCREEN.Picture="images\校景2.jpg"
```

```
_SCREEN.Showtips=.T.
&&在"_SCREEN"对象中加入自定义工具栏类"toolbars"对象"toolbars1"
_SCREEN.AddProperty("toolbars1","")
_SCREEN.toolbars1=NEWOBJECT('toolbars','libs\comm')
_SCREEN.toolbars1.SHOW
_SCREEN.toolbars1.DOCK(0)
_SCREEN.toolbars1.ControlBox=.F.
IF qx<>1
    lf=.F.
ELSE
    lf=.T.
ENDIF
_SCREEN.toolbars1.image4.Enabled=lf
DO mymenu\主菜单.MPR &&将主菜单加入到"_SCREEN"对象中。
ELSE
MESSAGEBOX("对不起,您输入的密码不对,请继续输入!",0+64+0,"错误")
THISFORM.Combo1.SETFOCUS
THISFORM.Combo1.Value=""
THISFORM.Text1.Value=""
    ENDIF
ENDIF
```

"退出"按钮的事件代码如下：

```
RESULT=MESSAGEBOX("您真的要退出学生信息管理系统吗?",4+16+0,"对话窗口")
IF RESULT = 6
THISFORM.RELEASE
CLEAR EVENTS
QUIT
ENDIF
```

（3）创建自定义工具栏类和菜单

新建了一个以 Toolbar 为基类的自定义工具栏类"toolbars"，存放在类库"comm.vcx"中。新建主菜单"主菜单.Mnx"和快捷菜单"快捷菜单.Mnx"。详细创建过程见实践教程第 12 章。

（4）创建学生基本情况录入与维护表单

表单"学生基本情况录入与维护.SCX"的功能是：对"xsxx.dbf"表中的数据添加、编辑、删除等操作。表单界面如图 13-5 所示。创建表单的步骤如下：

图 13-5　学生基本情况录入与维护表单

① 打开表单设计器，创建一空表单（学生基本情况录入与维护.scx），表单的 ShowWindow 属性初始值为 0，WindowType 属性初始值为 1。

② 打开"数据环境设计器"，将表"xsxx.dbf"添加到其中。

③ 将表"xsxx.dbf"中的字段拖到表单上并调整其位置和大小。

在表单上添加 5 个对象：1 个标签对象、2 个线条对象、1 个形状对象、1 个自定义类"mytxtbtns"对象。类"mytxtbtns"详细创建过程见教程第 13 章。

（5）创建学生成绩录入与维护表单

表单界面如图 13-6 所示。创建表单的步骤如下：

图 13-6　学生成绩录入与维护表单

① 打开表单设计器，创建一空表单（学生基本情况录入与维护.scx），表单的 ShowWindow 属性初始值为 0，WindowType 属性初始值为 1。

② 打开"数据环境设计器"，将表 xscj.dbf 添加到其中。

③ 将表 xsxx.dbf 中的字段拖到表单上并调整其位置和大小。

④ 在表单上添加 5 个对象：1 个标签对象、2 个线条对象、1 个形状对象、1 个系统类"txtbtns"对象。

（6）创建学生基本情况查询

表单"学生基本情况查询.scx"功能是：从"姓名"和"籍贯"为关键字查询学生的基本情况信息。表单界面如图 13-7 所示。创建步骤如下：

图 13-7　学生基本情况查询表单

① 创建学生基本情况查询表单。

a. 新建一个 CommandGroup 为基类的自定义按钮组类 cxbuttons，存放在类库 comm.vcx 中。类"cxbuttons"的详细创建过程见教程第 13 章。

b. 创建一空表单(学生基本情况查询.scx), 表单的 ShowWindow 属性初始值为 0, WindowType 属性初始值为 1。

c. 在表单其上添加 9 个对象: 1 个标签对象、2 个线条对象、1 个形状对象、1 个组合框对象、1 个文本框对象、1 个按钮对象、1 个表格对象、1 个类 "cxbuttons" 对象。

② 编写事件代码。

编写学生基本情况查询表单的 Init 事件过程:

```
THISFORM.Grid1.RecordSource="SELECT xh AS 学号,XM AS 姓名,xb AS 性别,;
csrq AS 出生日期,jg AS 籍贯,tyf AS 团员否;
FROM mydata\xsxx  INTO CURSOR Temptable"
SELECT Temptable
THISFORM.REFRESH
```

编写自定义 "查询" 按钮的 "Click" 事件过程:

```
LOCAL searchtemp
CLOSE TABLES ALL
IF THISFORM.Combo1.DisplayValue="姓名"
   searchtemp='xm=ALLTRIM(THISFORM.Text1.Value)'
ELSE
   searchtemp='jg=ALLTRIM(THISFORM.Text1.Value)'
ENDIF
WITH THISFORM.Grid1
.ColumnCount=-1
.RecordSourceType=4
.RecordSource="SELECT xh AS 学号,XM AS 姓名,xb AS 性别,;
 csrq AS 出生日期, jg AS籍贯,tyf AS 团员否;
 FROM mydata\xsxx WHERE &searchtemp  INTO CURSOR Temptable"
 SELECT  Temptable
ENDWITH
THISFORM.Text1.Value=""
THISFORM.REFRESH
```

（7）创建学生成绩查询

表单 "学生成绩查询.scx" 功能是: 以 "姓名" 和 "课程名" 为关键字查询学生的成绩。表单界面如图 13-8 所示。创建步骤如下:

图 13-8　学生成绩查询表单

① 创建学生成绩查询表单。

与创建学生基本情况查询表单类似。

② 编写事件代码。

编写学生成绩查询表单的 Init 事件过程：

```
THISFORM.Grid1.RecordSource="SELECT xsxx.xh AS 学号,XM AS 姓名,;
kcm AS 课程名,cj AS 成绩 FROM mydata\xsxx,mydata\xscj,mydata\kcm ;
WHERE xsxx.xh=xscj.xh and kcm.kch=xscj.kch  INTO CURSOR Temptable"
SELECT Temptable
THISFORM.REFRESH
```

编写自定义"查询"按钮的"Click"事件过程：

```
LOCAL searchtemp
CLOSE TABLES ALL
IF THISFORM.Combo1.DisplayValue="姓名"
    searchtemp='xm=ALLTRIM(THISFORM.Text1.Value)'
ELSE
    searchtemp='kcm=ALLTRIM(THISFORM.Text1.Value)'
ENDIF
WITH THISFORM.Grid1
 .ColumnCount=-1
 .RecordSourceType=4
 .RecordSource="SELECT xsxx.xh AS 学号,XM AS 姓名,kcm AS 课程名,;
 cj AS 成绩  FROM mydata\xsxx,mydata\xscj,mydata\kcm ;
 WHERE xsxx.xh=xscj.xh AND kcm.kch=xscj.kch AND &searchtemp  ;
 INTO CURSOR Temptable"
 SELECT  Temptable
ENDWITH
THISFORM.Text1.Value=""
THISFORM.REFRESH
```

（8）创建打印学生基本情况报表

打印学生基本情况报表功能是：打印学生基本情况。创建报表步骤如下：

① 利用报表设计器创建一个报表，其界面如图 13-9 所示。

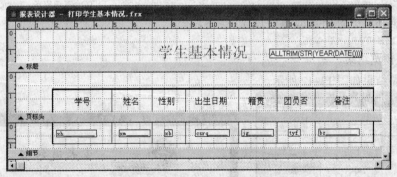

图 13-9　打印学生基本情况报表设计界面

② 打开"数据环境设计器"，将表"xsxx.dbf"添加到其中。

③ 将表"xsxx.dbf"中的字段拖到报表上并调整其位置和大小。

（9）创建打印家长通知书报表

创建打印家长通知书报表步骤如下：

① 创建打印学生基本情况报表。

a. 利用报表设计器创建一个报表，其界面如图 13-10 所示。

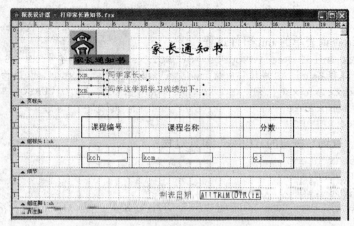

图 13-10　打印家长通知书报表设计界面

b. 设置页标头中的域控件属性：域控件 xm_属性值为 Temptable.xm。

c. 设置细节中的域控件属性：域控件 kch_属性值为 Temptable.kch、域控件 kcm_属性值为 Temptable.kcm、域控件 cj_属性值为 Temptable.cj。

d. 组注脚中的域控件属性：日期域控件属性值为 ALLTRIM(STR(YEAR(DATE())))+'年'+ALLTRIM(STR(MONTH(DATE())))+'月'+ALLTRIM(STR(DAY(DATE())))+'日'。

e. 打开报表菜单中的数组分组命令，在"数组分组"对话框中设置分组表达式，如图 13-11 所示。

② 编写事件代码。

本报表中的数据源为查询语句生成临时表"temptable.dbf"。

报表数据环境中的 Init 事件过程：

```
SELECT xsxx.xh ,XM ,kcm.kch,kcm ,cj ;
FROM mydata\xsxx,mydata\xscj,mydata\kcm ;
WHERE xsxx.xh=xscj.xh AND kcm.kch=xscj.kch  INTO CURSOR Temptable
```

报表数据环境中的 Destroy 事件过程：

```
CLOSE TABLES ALL
```

③ 报表预览结果。

报表预览结果如图 13-12 所示。

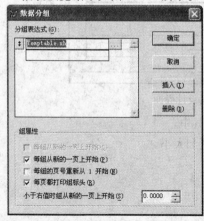

图 13-11　"数组分组"对话框

图 13-12　打印家长通知书报表预览结果

（10）创建主文件

主程序文件"主文件.PRG"的代码如下：

```
DO myprogram\mystartup.PRG   &&禁止重复打开系统
ON SHUTDOWN DO myprogram\myquit.PRG
DO FORM myforms\登录.SCX
READ EVENTS
```

程序 mystartup.prg 的代码如下：

```
DECLARE LONG ShowWindowAsync IN USER32.DLL Long, Long
DECLARE INTEGER FindWindow IN USER32.DLL String lpClass,String lpWindow
lpWindow="学生信息管理系统"
hWnd= FindWindow (0,lpWindow)
IF hWnd !-0
=MESSAGEBOX("该软件已经正在运行喇！",48," ")
= ShowWindowAsync(hWnd,1)
CLEAR DLLS
CLEAR ALL
QUIT
ENDIF
```

程序 myquit.prg 的代码如下：

```
CLEAR EVENTS
QUIT
```

（11）创建 config.fpw

通过创建 config.fpw 文件来设置系统的运行环境。config.fpw 文件代码如下：

```
SYSMENU = OFF
RESOURCE = OFF
DEBUG = OFF
TALK = OFF
EXACT = ON
ANSI = OFF
SAFETY = OFF
DELETED= ON
```

5. 调试与测试

① 添加文件到项目中。

② 设置主文件。在项目管理器中选中"主文件.PRG"，再选择"项目"→"设置主文件"命令。

③ 连编项目。

④ 运行程序。

6. 应用程序发布

开发应用程序的最后一步是要提供给用户一个可以完全运行的应用程序，也就是可以发布的应用程序。

发布应用程序的步骤如下：

（1）准备要发布的应用程序

在发布应用程序之前，必须连编一个以.app 为扩展名的应用程序文件，或者一个以.exe 为扩展名的可执行文件。本系统选择后者，因此需要提供 3 个支持文件 Visual FoxPro6r.dll、Visual

FoxPro6chs.dll 和 Visual FoxPro6enu.dll（动态链接库），将这些文件必须放置在"D:\学生信息管理"目录中。

（2）创建发布磁盘

① 打开 Visual FoxPro，选择"工具"→"向导"→"安装"命令，打开制作安装盘的向导。

② 定位文件：即选定目录"D:\学生信息管理"，如图 13-13 所示。

③ 指定组件：一般选中"Visual FoxPro 运行时刻组件"复选框即可，其他选项视情况而定，如图 13-14 所示。

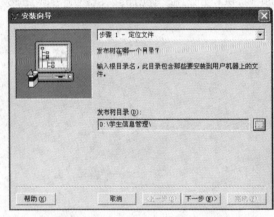

图 13-13 "定位文件"对话框

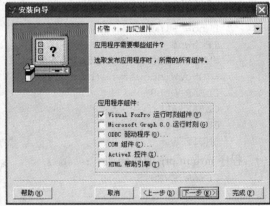

图 13-14 "指定组件"对话框

④ 磁盘映像：选择网络安装，则进行非压缩安装，如图 13-15 所示。如果选择 Web 安装，则进行压缩 Web 安装。

⑤ 安装选项：填入必要的一些安装信息，如图 13-16 所示。

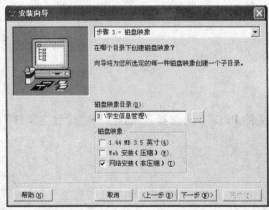

图 13-15 "磁盘映象"对话框

图 13-16 "安装选项"对话框

⑥ 默认目标目录：程序安装时的目录。如在"程序组"文本框中指定了名称，安装程序会为应用程序创建一个程序组，并会出现在 Windows 的"开始"菜单中，如图 13-17 所示。

⑦ 改变文件位置：在文件列表中找到"学生信息管理.exe"文件，选中它后面的"程序管理器"项的复选框（见图 13-18），将打开"程序组菜单项"对话框。在打开的"程序组菜单项"对话框中，指定 3 个程序项属性："说明"、"命令行"和"图标"，如图 13-19 所示。

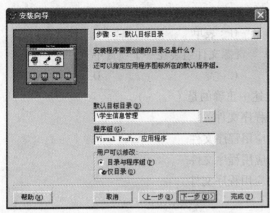
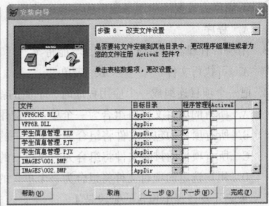

图 13-17 "默认目标目录"对话框　　　　　图 13-18 "改变文件位置"对话框

⑧ 完成：打开"完成"对话框，如图 13-20 所示。当单击"完成"按钮后，进入"安装向导进展"界面，完成软件的发布。

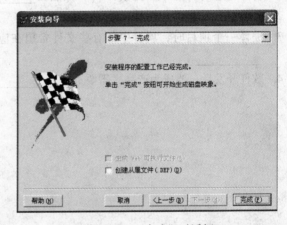

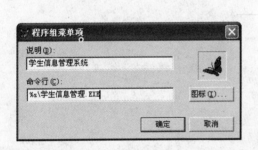

图 13-19 "程序组菜单项"对话框　　　　　图 13-20 "完成"对话框

（3）软件的安装

运行发布盘文件夹中的安装程序 setup.exe，即可将该软件安装在 Windows 操作系统环境计算机里。

四、上机实验（2 题任选 1 题）

1. 参照本章的实验示例，设计开发一个学生信息管理系统（系统的主界面是"_SCREEN"对象）。

2. 参照本章的实验示例和程序设计教材第 13 章的开发实例，设计开发一个学生信息管理系统（系统的主界面是一个顶层表单）。

第二部分　习　　题

一、选择题

1. 数据库应用系统的特点是将数据库与应用程序的开发结合在一起，适合（　　）的应用场合。

　　A. 实时处理　　　　　　B. 数据量大　　　　　　C. 基于对象　　　　　　D. 算法复杂

2. 不能作为数据库应用系统中的主程序的是（　　　　）。

    A. 程序   B. 菜单   C. 表单   D. 数据表

3. 用项目管理器组装应用系统，不能将（　　　）等资源文件组装在一个项目中。

    A. 可执行文件   B. 表单   C. 类   D. 菜单

4. 把一个项目连编成一个应用程序时，下面的叙述中正确的是（　　　）。

    A. 所有的项目文件将组合为一个单一的应用程序文件

    B. 所有项目的包含文件将组合为一个单一的应用程序文件

    C. 所有项目的排除文件将组合为一个单一的应用程序文件

    D. 用户选定的项目文件将组合为一个单一的应用程序文件

5. 系统开发过程不包含的阶段是（　　　）。

    A. 需求分析   B. 数据库设计   C. 应用系统设计   D. 数据移植

二、填空题

1. 将系统连编成应用程序文件.app，只能在＿＿＿＿＿＿＿中运行。

2. config.fpw 文件的作用是＿＿＿＿＿＿＿。

3. 编译一个项目时，项目中的有些文件希望在应用程序中允许用户修改，则须将其标记为＿＿＿＿＿＿＿。

4. 软件开发后，要成为产品，需要进行＿＿＿＿＿＿＿。

常 用 函 数

函　　数	作　　用
ABS()	计算并返回指定数值表达式的绝对值
ACLASS()	用于将一个对象的父类名放置于一个内存数组中
ACOPY()	把一个数组的元素复制到另一个数组中
ACOS()	计算并返回一个指定数值表达式的余弦值
ADATABASES()	用于将所有打开的数据库名和它的路径存入一个内在变量数组中
ADBOBJECTS()	用于把当前数据库中的连接、表或 SQL 视图的名存入内存变量数组中
ADEL()	用于从一维数据中删除一个元素，或从二维数组中删除一行或者一列元素
ADIR()	将文件的有关信息存入指定的数组中，然后返回文件数
AELEMENT()	通过元素的下标，返回元素号
AFIELDS	将当前的结构信息存入数组中，然后返回表中的字段数
AFONT()	将可用字体的信息存入数组中
AERROR()	用于创建包含 Visual FoxPro 或 ODBC 错误信息的内存变量
AINS()	在一维数组中插入一个元素或在二维数组中插入一行或一列元素
AINSTANCE()	用于将类的所有实例存入内存变量数组中，然后返回数组中存放的实例数
ALEN()	返回数组中元素、行或者列数
ALIAS()	返回当前工作区或指定工作区内表的别名
ALLTRIM()	从指定字符表达式的首尾两端删除前导和尾随的空格字符，然后返回截去空格后的字符串
AMEMBERS()	用于将对象的属性、过程和成员对象存入内存变量数组中
ANSITOOEM()	将指定字符表达式中的每个字符转换为 MS-DOS（OEM）字符集中对应字符
APRINTERS()	获得打印机名和地址
ASC()	用于返回指定字符表达式中最左字符的 ASCII 码值
ASCAN()	搜索一个指定的数组，寻找一个与表达式中数据和数据类型相同的数组元素
ASELOBJ()	将活动的 FORM 设计器当前控件的对象引用存储到内存变量数组中
ASIN()	计算并返回指定数值表达式反正弦值
ASORT()	按升序或降序排列数组中的元素

续表

函　　数	作　　　　用
ASUBSCRIPT()	计算并返回指定元素号的行或者列坐标
AT()	寻找字符串或备注字段在另一字符串或备注字段中的第一次出现，并返回位置
ATAN()	计算并返回指定数值表达式的反正切值
ATC()	寻找字符串或备注字段中的第一次出现，并返回位置，将不考虑表达式中字母的大小写
ATCLINE()	寻找并返回一个字符串表达式或备注字段在另一字符表达式或备注字段中第一次出现的行号。不区分字符大小写
ATLINE()	寻找并返回一个字符表达式或备注字段在另一字符表达式或备注字段中第一次出现的行号
ATN2()	根据指定的值返回所有 4 个象限内的反正切值
AUSED()	用于将一次会话期间的所有表别名和工作区存入变量数组之中
BAR()	返回所选弹出式菜单或 VFP 菜单命令项号
BARCOUNT()	返回 DEFINE POPUP 命令所定义的菜单中的菜单项数，或返回 VFP 系统菜单上的菜单项数
BARPROMPT()	返回一个菜单项的有关正文
BETWEEN()	确定指定的表达式是否介于两个相同类型的表达式之间
BITAND()	返回两个数值表达式之间执行逐位与（AND）运算的结果
BITCLEAR()	清除数值表达式中的指定位，然后再返回结果值
BITNOT()	返回数值表达式逐位进行非（NOT）运算后的结果值
BITOR()	计算并返回两个数值进行逐位或（OR）运算的结果
BITRSHIFT()	返回将一个数值表达式右移若干位后的结果值
BITSET()	将一个数值的某位设置为 1，然后返回结果值
BITTEST()	用于测试数值中指定的位，如果该位的值是 1，则返回真，否则返回假
BITXOR()	计算并返回两个数值表达式进行逐位异或（XOR）运算后的结果
BOF()	用于确定记录指针是否位于表的开始处
CAPSLOCK()	设置并返回【Capslock】键的当前状态
CDX()	用于返回打开的、具有指定索引号的复合索引文件名（.cdx）
CEILING()	计算并返回大于或等于指定数值表达式的下一个整数
CHR()	返回指定 ASCII 码值所对应的字符
CHRSAW()	用于确定键盘缓冲区中是否有字符存在
CHRTRAN()	对字符表达式中的指定字符串进行转换
CMONTH()	从指定的 DATE 或 DATETIME 表达式返回该日期的月名称
CNTBAR()	返回用户自定义菜单或 Visual FoxPro 系统菜单中的菜单项目数
CNTPAD()	返回用户自定义菜单条或 Visual FoxPro 系统菜单条上的菜单标题数
COL()	用于返回光标的当前位置
COMPOBJD()	比较两个对象的属性，然后返回表示这两个对象的属性及其值是否等价
COS()	计算指定表达式的余弦值
CPCONVERT()	将备注字段或字符表达式转换到另一代码页中
CPCURRENT()	返回 Visual FoxPro 配置文件中的代码页设置，或当前操作系统的代码页设置

函　　数	作　　　　用
CPDBF()	返回已经标记的打开表的代码页
CREATEOBJECT()	从类定义或 OLE 对象中建立一个对象
CTOD()	将字符表达式转换成日期表达式
CTOT()	从字符表达式中返回 DATETIME 值
CURDIR()	用于返回当前的目录或文件夹名
CURVAL()	直接从磁盘或远程数据源程序中返回一个字段的值
DATE()	返回当前的系统日期，是由操作系统控制的
DATETME()	以 DATETIME 类型值的形式返回当前的日期和时间
DAY()	返回指定日期所对应的日子
DBC()	返回当前数据库的名和路径
DBF()	返回指定工作区打开表的名称或返回别名指定的表名称
DBGETPROP()	返回当前 DB 的属性或返回当前数据库中字段、有名连接、表或视图的属性
DBSETPROP()	设置当前 DB 的属性或设置当前数据库中字段、有名连接、表或视图的属性
DBUSED()	用于测试数据库是否打开。如果指定的数据库是打开的则返回真
DDEABORTTRANS()	结束异步的动态数据交换 DDE 事务处理
DDEADVISE()	建立用于动态数据交换的通报连接或自动连接
DDEENABLED()	用于使动态数据交换处理可用或不可用，或返回 DDE 处理的状态
DDEEXECUTE()	使用动态数据交换发送命令给另一应用程序
DDEINITIATE()	在 Visual FoxPro 与其他 Win 应用程序间建立动态数据交换通道
DDELASTERROR()	返回最后一个动态数据交换函数的错误号
DDEPOKE()	用动态数据交换方式在客户机服务器之间进行数据传送
DDEREQUEST()	用动态数据交换方式向服务器应用程序请求数据
DDESETOPTION()	改变或返回动态数据交换的设置值
DDESETSERVICE()	建立、释放或修改 DDE 服务器名和设置值
DDESETOPIC()	用动态数据交换方式从一个服务器中建立或释放主题名
DDETERMINATE()	关闭 DDETERMINATE()函数建立的数据交换通道
DELETED()	用于测试并返回一个指示当前记录是否加删除标志的逻辑值
DIFFERENCE()	返回介于 0 到 4 之间的值，以表示两个字符表达式之间的语音差异
DISKSPACE()	返回默认磁盘驱动器上的可用字节数
DMY()	从 DATE 或 DATETIME 类型表达式中返回日/月/年形式的字符串类型的日期
DOW()	从 DATE 或 DATETIME 类型表达式中返回表示星期几的数值
DTOC()	从 DATE 或 DATETIME 类型表达式中返回字符的日期
DTOR()	把以度表示的数据表达式转换为弧度值
DTOT()	从日期表达式中返回 DATETIME 类型的值
EMPTY()	用于确定指定表达式是否为空
EOF()	确定当前表或指定表的记录指针是否已经指向最后一个记录

函　　数	作　　用
ERROR()	返回最近一次错误的编号
EVALUATE()	计算字符表达式，然后返回其结果值
EXP()	返回以自然对数为底的函数值，即返回 EX 的值，其中 X 表示指数
FCHSIZE()	改变用低级文件函数打开的文件的大小
FCLOSE()	刷新并关闭由低级文件函数打开的文件或通信端口
FCOUNT()	返回表中的字段数
FCREATE()	建立并打开低级文件
FDATE()	返回文件的最后修改日期
FEOF()	用于确定低级文件的指针是否位于该文件的末尾
FERROR()	测试并返回最近的低级文件函数操作的错误号
FFLUSH()	将一个用低级文件函数打开的文件刷新到磁盘中
FIELD()	返回表中某个字段的名称
FILE()	用于在磁盘中寻找指定的文件，如果被测试的文件存在，函数返回真
FILTER()	返回由 SET FILTER 命令设置的表过滤器表达式
FKLABEL()	从对应的功能键号中返回功能键的名称（如 F1、F2 等）
FKMAX()	返回键盘中可编程的功能键和组合键数
FLDLIST()	返回由 SET FIL TER 命令设置的表过滤器表达式
FLOCK()	试图锁定当前或指定的表
FLOOR()	计算并返回小于或等于指定数值的最大整数
FONTMETRIC()	返回当前安装的操作系统字体的字体属性
FOPEN()	打开用于低级文件函数中的文件或通信端口
FOR()	返回指定工作区中打开的.idx 索引文件或索引标记的索引过滤表达式
FOUND()	用于测试并返回 CONTINUE、FIND、LOCATE 或 SEEK 命令的执行情况
FPUTS()	将字符串、回车、换行符写入文件或用低级文件函数打开的通信端口中
FREAD()	从文件或用低级文件函数打开的通信端口中读入指定字节的数据
FSEEK()	在用低级文件函数打开的文件中移动文件指针
FSIZE()	返回指定字段的字节数（长度）
FTIME()	返回文件的最后修改时间
FULLPATH()	返回指定文件的路径，或相对另一个文件的路径
FV()	计算并返回一系列等额复利投资的未来值
FWRITE()	将字符串写入文件或用低级文件函数打开的通信端口中
GETBAR()	返回 DEFINE
GETCOLOR()	显示 WINDOES 的 COLOR 对话框，然后返回所选的颜色号
GETCP()	显示 CODE
GETDIR()	显示"选择目录"对话框，从中选择目录或文件夹
GETENV()	返回指定 MS-DOS 环境变量的内容

续表

函 数	作 用
GETFILE()	显示"打开"对话框，然后返回所选择的文件名
GETFONT()	显示"字体"对话框，返回所选择的字体名
GETOBJECT()	激活 OLE 自动对象，然后建立该对象的引用
GETPAD()	返回菜单条中指定位置的菜单标题
GETPRINTER()	显示"打印设置"对话框，然后返回所选择的打印机的名称
GOMONTH()	返回某个指定日期之前或之后若干月的那个日期
HEADER()	返回当前或指定表文件头的字节数
HOUR()	从 DATETIME 类型表达式中返回它的小时数
IDXCOLLATE()	返回索引文件或索引标记的整理顺序
IIF()	根据逻辑表达式的值，返回两个指定值之一
INDBC()	用于测试指定的数据库对象是否在指定的数据库中
INKEY()	返回与单击鼠标按钮或键盘缓冲区中按键相对应的数值
INLIST()	用于测试指定的表达式是否与一组表达式中的基本个表达式匹配
INSMODE()	返回当前插入状态，或设置插入状态为 ON 或 OFF
INT()	计算表达式的值，然后返回整数部分
ISALPHA()	用于测试字符表达式中的最左字符是否是一个字母字符
ISBLANK()	用于确定表达式是否是空表达式
ISCOLOR()	用于测试当前的计算机是否显示彩色
ISDIGIT()	用于测试字符表达式的最左字符是否是数字字符
ISEXCLUSIVE()	用于测试表达式是否按独占方式打开
ISLOWER()	用于确定指定字符表达式的最左字符是否是一个小写字母字符
ISMOUSE()	测试并返回系统中是否安装有鼠标器械
ISNULL()	用于测试表达式的值是否为空值
ISREADONLY()	用于测试表达式是否按只读方式打开
ISUPPER()	用于确定指定字符表达式的最左字符是否是一个大写的字母字符
KEY()	用于返回索引标记或索引文件的索引关键字表达式
KEYMATCH()	寻找在索引标记或索引文件中指定的索引键值
LASTKEY()	返回最后一次击键的键值
LEFT()	从指定字符串的最左字符开始，返回规定数量的字符
LEN()	返回指定字符表达式中的字符个数（字符串长度）
LIKE()	用于确定字符表达式是否与另一字符表达式匹配
LINENO()	返回当前正在执行的程序命令行的行号
LOCK()	用于锁定表中的一个或多个记录
LOG()	返回指定数值表达式的常用对数值（基底为 E）
LOG10()	返回指定数值表达式的常用对数值（基底为 10）
LOOKUP()	搜索表，寻找字段与指定表达式相匹配的第一个记录

函　　数	作　　　　用
LOWER()	把指定的字符表达式中的字母转变为小写字母，然后返回该字符串
LTRIM()	删除指定字符表达式中的前导空白，然后返回该字符串
LUPDATE()	返回表的最后一次更改日期
MAX()	计算一组表达式，然后返回其中值最大的表达式
MCOL()	返回鼠标指针在 Visual FoxPro 主窗口或用户自定义窗口中的列位置
MDOWN()	用于确定是否有鼠标按钮按下
MDX()	返回已经打开的、指定序号的.cdx 复合索引文件名
MEMLINES()	用于返回备注字段的行数
MEMORY()	返回为了运行一个外部程序而可以使用的内存总量
MENU()	以大写字符串的形式返回活动菜单的名称
MESSAGE()	返回当前的错误提示信息，或返回产生的程序内容
MESSAGEBOX()	显示用户自定义的对话框
MIN()	计算一组表达式的值，然后返回其中的最小值
MINUTE()	返回 DATETIME 类型表达式的分钟部分的值
MLINE()	以字符串型从备注字段中返回指定的行
MOD()	将两个数值表达式进行相除然后返回它们的余数
MONTH()	返回由 DATE 或 DATETIME 类型表达式所确定日期中的月份数
MROW()	返回 Visual FoxPro 主窗口或用户自定义窗口中鼠标指针的行位置
MTON()	从 CURRENCY（货币）表达式中返回 NUMERIC 类型的值
MWINDOW()	返回鼠标指针所指窗口的名称
NDX()	返回当前表或指定表中打开.idx 索引文件的名称
NORMALIZE()	将字符表达式转换成可以用 Visual FoxPro 函数进行比较，返回其值的形式
NTOM()	从数值表达式中构成具有 4 位小数的货币类型的货币值
NUMLOCK()	返回当前【NumLock】键的状态，或者设置其状态
NVL()	从两个表达式中返回一个非空的值
OBJNUM()	返回控件的对象号，可以使用控制的 TABINDEX 属性代替它
OBJVAR()	返回与@…GET 控件相关的内在变量、数组元素或字段名
OCCURS()	返回字符表达式在另一字符表达式中出现的次数
OEMTOANSI()	将指定字符表达式中的每个字符转换成 ANSI 字符集中的相应字符
OLDVAL()	返回被编辑的但没有更改的字段的原始值
ORDER()	返回当前表或指定表中控件索引文件或控件索引标记的名称
OS()	返回 Visual FoxPro 正在运行的操作系统的名称和版本号
PAD()	以大写字母的形式返回最近从菜单条中所选择菜单标题的名称
PARAMETERS()	返回最近传递给被调用程序、过程或用户自定义函数的参数个数
PCOL()	返回打印机头的当前列位置
PI()	计算并返回圆周率的值

函　　数	作　　用
PRIMARY()	用于测试并返回索引标记是否是主索引标记
PRINTSTATUS()	测试并返回打印机或打印设备是否处于联机就绪状态，然后返回一个逻辑值
PRMBAR()	返回菜单选项的正文
PRMPAD()	返回菜单标题的正文
PROGRAM()	返回当前执行的程序名或返回错误发生时正在执行的程序名
PROMPT()	从菜单条中返回选择的菜单题正文或从菜单中返回选择的菜单选择正文
PROW()	返回打印机打印头的当前位置
PRTINFO()	返回当前指定的打印机设置
PUTFILE()	引入 SAVE
PV()	返回一笔投资的现值
PAND()	返回介于 0 到 1 之间的随机数
PATLINE()	返回字符串在另一字符串或备注字段中最后一次出现时的行号
RDLEVEL()	返回当前 READ 的层次，用表单设计器可以代替 READ
RECCOUNT()	返回当前或指定表中的记录数
RECNO()	返回当前表或指定表中当前记录的记录号
RECSIZE()	返回表中记录的长度（记录宽度）
REFRESH()	刷新当前表或指定表中的记录
RELATION()	返回在指定工作区中打开表的指定关联表达式
REQUERY()	重新检索 SQL 视图的数据
GRB()	根据给定的红色、绿色和蓝色，计算并返回单一的颜色值
RGBSCHEME()	从指定调色板中返回 RGB 颜色对或返回 RGB 颜色队列表
RIGHT()	从字符串中返回最右边的指定字符
RLOCK()	试图锁定表中的记录
ROUND()	返回对数值表达式中的小数部分进行舍入处理后的数值
ROW()	返回光标的当前行位置
RTOD()	将弧度值转换成度
RTRIM()	删除字符表达式中尾随的空格，然后返回此字符串
SCOLS()	返回 Visual FoxPro 主窗口中可用的列数
SEC()	返回 DATETIME 类型表达式中的秒部分值
SECONDS()	返回自从午夜开始以来所经历的秒数
SEEK()	寻找被索引的表中，索引关键字值与指定的表达式相匹配的第一个记录，然后再返回一个值表示是否成功找到匹配记录
SELECT()	返回当前工作区号，或返回最大未用工作区的号
SET()	返回各个 SET 命令的状态
SETFLDSTATE()	将字段或删除状态值赋给从远程表中建立的一个本地游标中的字段或记录
SIGN()	根据指定表达式的值，返回它的正负号

续表

函　　　数	作　　　用
SIN()	返回角的正弦值
SKPBAR()	用于确定一个菜单选项是否用 SET
SKPPAD()	用于确定一个菜单标题是否用 SET
SOUNDEX()	返回指定字符表达式的语音表达式
SPACE()	返回由指定个数的空格字符组成的字符串
SQLCANCEL()	请示中断一个已经存在的 SQL 语句
SQLCOLUMNS()	将指定数据源表中一系列的列名称和每列的信息存储到 Visual FoxPro 游标中
SQLCOMMIT()	提交一个事务处理
SQLCONNECT()	建立到一个数据源的连接
SQLDISCONNECT()	中断到一个数据源的连接
SQLGETPROP	返回活动连接、数据源程序或附属表的当前和缺省设置
SQLMORERESULTS()	如果有多组结果可用，则将另一组结果复制到 Visual FoxPro 游标中
SQLROLIBACK()	放弃当前事务处理期间所发生的任何变化，返回当前的事务处理
SQLSETPROP()	指定活动连接、数据源或附属表的设置值
SQLSTRINGCONNECT()	通过连接串建立到一个数据源的连接
SQLTABLES()	将数据源中的表名存储到 Visual FoxPro 游标中
SQRT()	计算并返回数值表达式的平方根
SROWS()	返回主 Visual FoxPro 窗口中可用的行数
STR()	将指定的数值表达式转换相应的数字字符串，然后返回此串
STUFF()	用字符表达式置换另一字符表达式中指定数量的字符，然后返回新的字符串
SUBSTR()	从字符表达式或备注字段中截取一个子串，然后返回此字符串
SYSMETRIC()	返回操作系统屏幕元素的大小
TABLEUPFATE()	提交对缓冲行、缓冲表或游标的修改
TAG()	返回打开的、多入口复合索引文件的标记名或返回打开的、单入口的文件名
TAGCOUNT()	返回复合索引文件中的标记以及所打开的单入口索引文件的总数
TAN()	返回一个角的正切值
TARGET()	返回表的别名，该表示 SET
TIME()	以 24 小时，8 个字符（HH：MM：SS）的形式返回当前的系统时间
TRIM()	用于删除指定字符表达式中的尾空格，然后返回新的字符串
TTOC()	从 DATETIME 表达式中返回 CHARACTER 类型值
TTOD()	从 DATETIME 表达式中返回日期的数值
TYPE()	计算字符表达式并返回其内容的数据类型
UNIQUE()	如果指定的索引标记或索引文件，在建立时位于 SET
UPDATE()	如果在当前 READ 期间数据发生变化，则返回逻辑值真
UPPER()	以大写字母形式返回指定的字符表达式
USED()	确定表示否在指定工作区中打开

续表

函　　数	作　　　　用
VAL()	从包含字符串的字符表达式中返回一数值
VERSION()	返回字符串，其中包含正在使用的 Visual FoxPro 版本号
WBORDER()	用于确定活动的窗口或指定的窗口是否有边界
WCHILD()	根据在父窗口栈中的顺序，返回子窗口数或名称
WCOLS()	返回活动窗口或指定窗口的列数
WEEK()	从 DATE 或 DATETIME 表达式返回表示一年中第几个星期的数值
WEXIST()	用于确定指定的用户自定义窗口是否存在
WFONT()	返回窗口中当前字体的名称、大小和字形
WLCOL()	返回活动窗口或指定窗口的左上角列坐标
WLROW()	返回活动窗口或指定窗口的左上角行坐标
WMAXIMUM()	用于确定活动窗口或指定窗口是否处于最大化状态
WMINIMUM()	用于确定活动窗口或指定窗口是否处于最小化状态
WOUTPUT()	用于确定显示内容是否输出到活动窗口或指定窗口
WPARENT()	返回活动窗口或指定窗口的父窗口名
WREAD()	确定活动窗口或指定窗口是否对应于当前 READ 命令
WROWS()	返回活动窗口或指定窗口中的行数
YEAR()	从指定的 DATE 或 DATETIME 表达式中返回年号

笔记栏